水俣病を伝える

豊饒の浜辺から

第六集

現在の水俣病センター相思社の活動三本柱は、水俣病を伝える活動、患者とのつきあい、地域づくりです。

伝える活動といっても、伝えるのはたんに水俣病の歴史だけではなく、水俣病事件で侵された自然やメチル水銀暴露した人びとから学び、その記録を残すことでもあります。生身の人間の長い歴史を聞き取りすることとは、時間がかかり、根気のいる作業です。しかし、患者の高齢化に伴い、そのタイムリミットは迫っていますし、すでに失われた証言も多くあります。

時間の経過に伴い、多くの被害者の存在は忘れられていきます。また、被害者自身が、そのつらい経験に蓋をしようとすることも多くあります。

自身や家族のライフヒストリー、症状や水俣病について、これまで語ることのなかった、できなかった、また私たちが注目することのなかった証言を聞くことで、初めて言語化がされ、文字化され、彼らの心の整理につながればと思います。また社会に届く、そのような手伝いができたらと思います。

「言語化」への道は長く、またその瞬間は、その人が「話したい」と思った時に生まれるため、恒常的に開かれた窓口の中で、その瞬間を捉え、形にする必要があります。

遠方に住んでいる患者の中には、常日頃「話したい」と思いながらも、その機会を得られない人たちがいます。日常的には他者に自身の症状が知られないようにひたすらに隠しながら、一方で「理解されたい」という気持ちを持っている人もいますが、患者の言葉を受け入れる場所は少ないのです。

これまで相思社の患者相談業務や聞き書きに対する公的支援金はありませんでしたが、二〇二一年度から三ヶ年、今回「アーユス仏教国際協力ネットワーク」の助成を受け、聞き書きを書籍化することができました。

水俣病患者の現状や実態を世に知らせると同時に、そうして経験を言語化する中で、患者が自身の体験を客観的に見つめたり、生きて幸せだったと思えたりすること、自身と向き合い、その経験や身体のことをより大切にできるようになればと思います。

目次

今がいちばん幸せじゃ

樋口恭子さん
昭和十二年三月二十二日水俣市出月生まれ。五人兄弟の長女として生まれる。妹は第一号患者とされている溝口トヨコ。現在は相思社の近所に住む。

編集：小泉初恵

おはよう。入って入って。よう片付けならん。散らかっててごめんね。ど、そこらに座って。

これ奄美って書いてあるでしょ。息子が、ほら、転勤族だからね。鹿児島におった時に連れて行ってくれた。いいとこだった。あれは韓国の飾り物。自然が綺麗でね。一番よかったのは、中国の桂林。川があっとたい。ここらへんの川とは違うよ。ゆっくりした川でな、遊覧船に乗ってさ。きれいでさ、生きててよかったて思った。ここはもう、思い出の部屋。旅行は足が丈夫な間に腹いっぱい行った。いまはもう行きならん。息子が送ってきた孫の写真ば見せようか？

これ、グラジオラス。うちのばあちゃんが植えよらした。そしたら毎年増える。いろいろ色があるもんね。母も花が好きだった。手がかかるけどな、かけた分だけ綺麗なのが咲いてくれるからね。

朝は起きてさ、そこにちっとしかないけど、畑が気になるわけ。こうやって見て歩いたらもう草が出てる。それを取り取りしてさ、ああた、お腹空いたねって思って家の中入ったら十一時。ほんなら朝も昼も一緒や。

天気のいい時にはね、夜も外にでてさ、星がきれいなのよ。一番星を見て母じゃな、次の星を見て父じゃなって思うと。流れ星がバーって流れる時あるしね。誰もおらんから、そこの駐車場にござ引いてひっくり返ってさ。それが最高の幸せです。お金かけなくてもな、自分で楽しみにすればよか。花でんなんでん、増やし増やしすれば、また面白いもんね。

父母のこと　幼少期の思い出

父と母は天草。父は深海の、乗田。乗田（のりでん）っていうところがあっとたい。母は牛深の内の原っていうところ。

ばあちゃんの友達が水俣にいたのよ。じいちゃんが保証人倒れになってからその人を頼って水俣にきたのよ。ああた、保証人は簡単になってならんよ。畑も家も取り上げられてな、着の身着のまま、手漕ぎの小さな舟で水俣にきたらしか。それでばあちゃんの友達の小屋でしばらく住んでな。じいちゃんと母は血はつながっとらんとたい。うちのばあちゃんが子供連れて結婚しとらすと。

母と父は出会うっちゅうか、人のお世話で。父は養子に来てくれたのよ、溝口の家に。うちの母はね三人兄弟でね、男が二人で女は一人だった。話で聞いたけど、兄さんっていう人があんまり頼りにならんかったみたい。弟は戦死よ。学校には一日も行かずに大工の見習いに出て、仕事するごてなったら戦争。フィリピンで戦死したらしか。それで父を養子ばもらったっじゃろ。親からすれば、うちの母が頼りになったみたいで。

小さいころは天草にもいったよ。本家があったからね。お墓参りとかしよった。港は、梅戸のところにあったのよ。ばあちゃんと一緒にそこまで歩いて行ったのよ。も、遠い遠い。それも靴じゃない、草履だよ。

うちの父は、もとはチッソに務めとったけど、朝は起ききらんで母が起こして。目をこすりこすり自転車に乗って、途中怪我して仕事に行かずに帰って来よったらしか。ほんに母は苦労しとっと。ほんでな、先に大連に行っとらした親戚ん人に世話してもらって、大連の満鉄で働くごてなった。あとから海軍さんになった。大連に行ったのはわたしが二歳の時じゃった。四歳ぐらいまで、戦争の直前までおったのよ。社宅は海のそばだった。広くていい海じゃったよ。

ちょっとだけ覚えてるけどさ、大連は大きい広い畑もあったな。私、子供やからな、大根ば抜いたら面白かったのよ。青首大根でな、先が細いから抜きやすかで、ちょっちょっち抜いて面白かっただろな。あっちこっち、何本かしたっじゃろな。そしたら、うちの母がおごって馬乗りになって体をおさえつけとってな、灸ば据えて。ここ、ほら、首の付け根に火傷な跡があるでしょ。子供たちみんなされとっと。昔の親は厳しかったもんね。悪いことしたらすぐに灸。

父が兵隊さんになってから、お母さんと四つぐらいの弟と一緒に朝鮮に面会に行ったこともある。私たちは旅館に泊まっとって、一緒に食事をしたんだけど、食べ物がね、大豆がいっぱい入っとるご飯だった。あたしがお腹壊してな。大変じゃった。そしたら父は自分たちが食べる白いご飯も持ってきてくれた。私の記憶にあっとは、りんご。美味しかった。朝鮮のリンゴ、小さいんだけどな、甘みと酸いがちょうどよかった。

父が兵隊に行ってから、母の体が弱かったもんだから日本に戻ってきた。じいちゃんがね、「戦争の始まれば帰ってきならんけん、マスエは連れて来んば」ってな、おじさんに頼んで大連まで迎えにきてもらって、大連から日本への船に乗ってる途中で戦争の始まった。下関に行って、汽車でじいちゃん、ばあちゃんのおる水俣に来た。父は軍艦にのってたけど、軍艦の名前はわからない。母が元気ならばわかったけど。

戦争中は、ほら、チッソがあるから。ようB二十九が来よった。もう団体で。昼ごはん食べる頃ばっかり来よった。飛行機がな、低く飛びよったよ。猫が動いてもバリバリ撃ちよった。怖かったよ。防空壕に隠れとった。うちの一番下から二番目の妹が赤ちゃんじゃったもんな。暗いから泣くわけ、防空壕の中で。そしたらうちの母が、口ばこうやって塞ぎおらすと。アメリカに聞こえるとあれやからって。

終戦して一年ぐらいして父が兵隊から帰ってきた。それから、兄弟のお兄さんのところで大工の修行をした。父はね、優しかった。だけどね、人がいいばっかしで、儲けを知らんのよ。貧乏大工じゃった。父さんとお母さんとが話しとっとば私も聞いとったい。こしこここしこ儲けるって言うて聞かせんばいいのに、貰う前からそんなこと言うて、母は楽しみしてるでしょ。それで家ができてしもうて、材料費や人夫代ば払ったらね、自分の弁当代もないように安く受け取るわけ。頼む方は安いのがいいじゃない。だから仕事はあったわけ。だけど儲けの道はいっちょん知らんで、母は腹いっぱい苦労しとったい。人がいいばっかじゃだめ。子供も五人もおってさ。もう、貧乏大工さんだった。

父はね、ほんとにお酒飲みじゃった。町には親戚がいっぱいあったのよね。あっち寄ったりこっち寄ったりしてね、酔っぱらって帰ってきよったんよ。心は優しかったけど、酒飲んだ後は、もうずんだれて、つまらんじゃったの。人間はよかったけどたい。いつも酔っ払いやったもんな。帰っては来るんだけどな。「ちょっちおしっこしてくる」っち外に出れば、またあっちこっち寄って歩いてさ。部落の人はみんな知っとっとよ。だけどみんな亡くなってしもうたな。

私なんかそんな男はいらない。だけど、母が言うことにはな、「もう子供がおる。あんたたちが可哀そうやろ。親なしになれば」て。ほんで、母ちゃんが我慢して頑張ったって言いよったですよ。うちの母は我慢強か。

出月の暮らし

ここらへん、田んぼがないとこだったからね。お米、大事だったのよ。白米は、運動会とかさ、お祭りとか、そういう時だけ。母は袋の方の田んぼに働きに行って、お金の代わりにお米をもらいよった。お給料がお米。ふだんは米がなくて麦やったよ。畑があったから、麦とからいもは腹いっぱい食べられたな。いつもは麦がいっぱいのごはんでぽろんぽろんしとった。これは食べてみらんばわからん。麦と米と一緒に炊いたら麦が浮くでしょ。だから炊き上がったら麦が上になるわけ。母はそれをきれいによけて、下の白いお米の部分を選んで父の弁当に詰めよったよ。今は毎日、真っ白のご飯朝昼晩食べられてね、幸せよ。

戦後は引き上げの人たちは大変だった。畑のない人たちはな、食べるものがないから、苗のために芽を出させた後のからいもを買いよった。床ガライモっていうてな。それもおかゆみたいにして食べてな。

うちはからいもは畑いっぱいあったからな。じいちゃん、ばあちゃんが畑を開いてくれたおかげよ。ここら辺は赤土だから、芋にはいいのよ。美味しかった。サツマイモ大好きやから、今頃んとは甘くなってよかもんな。収穫してすぐは、すぐで栗みたいで美味しいしね。時間が経ったのもまたうまか。

芋作ったり、麦作ったりする時と取り入れする時は、学校を休まんばんで。そん頃は農繁期休みって言ってね。二日か三日ぐらいは学校ば休ませたよ。でも、うんと畑があるとこはそれだけじゃ足りんわけ。子供に子守してもらわんば、親はなんもできんからさ。それで学校に行けなかった。小学校の低学年のころは勉強もおもしろかったんだけど、学校休んだら勉強がわからなくなっておもしろくなくなった。

山にお母さんが行くときには、お乳のますためにわたしもトヨコかろていきよったよ。私一人でおんぶして。松の木が植えてあってね。その下に雑木がはえるわけ。そしたら松の木ば育てんばんけん雑木ばきれいにせらすと。ほんでそれが薪になるのよ。母は大人だから、せっかく山に行ったら、いっぺんに担がせたいわけ。山木ばギューギュー絞めて固くして、大きな束を私の背中に担がせよった。道がちゃんとなかったから、線路の横の狭い道を焚物担いでな。ほんで、汽車が来た時は、危ないからそこに置いて土手の下に降りて。しゅぽしゅぽ煙吐いて通りよったからな。汚い話だけど、昔は汽車には穴があいとって。便所はぜんぶ下に垂れ流しやったね。そんな中をトヨコも背負って歩いて。

じいちゃんはな、牛とか豚とか飼って小さいのを大きくして、お金にしよったな。母は、朝早く暗いうちから、線路のところらへんに生えてる草を、牛のために刈り取って帰ってきて。頑張り屋さんやった。私たちはいつまでも寝てるんですよ。そしたらね、「いつまで寝とっとか。かあちゃんはひと仕事してきたよ。起きらんか、起きらんか」っておごりよったな。布団ば引っ剥がして起こしよらいた。元気のいい母じゃった。人にも優しかった。バカがつくほど人のよかった。勧進どんのくれば余った米を握って持たせた。いまは生活保護があるけどさ。

母はな、商売上手でもあった。畑の野菜を売るときにはちゃんとおまけをつけるけん、お客さんが待っとった。朝リヤカーで売りに行って、すぐに売って帰ってきた。

あってん、親は子も遊ばせんとじゃったもな。兄弟をおんぶしとってな。ビー玉もしたし、メンコもした。女も男も変わらんとたい。家の仕事は、古い浴衣をほどいておむつにしたり、海岸に貝を取りに行ったり。お手玉する布キレがないからさ。おむつで作って遊びよったよ。そしたらね、母から怒られた。お手玉はわかる？いまはテレビの時代だからな。なつかしか。道の駅で売ってたから買ったのよ、ほら、お手玉。

出月は水がないとこ。川もないし。水くみが一番いややった。井戸で汲んでバケツに入れて。井戸の水をもらう所から家までね、小さいから遠く感じるのよ。今こしこ体あるけど、前は体小さかったのよ。水はゆらゆら揺れてねぇ。カメに入れとって使いよった。家族が多かったから、すぐなくなりよった。食器はお米のとぎ汁で洗う。捨てないでためておくのよ。お風呂でも使うのはせっけんじゃなくて、菜種油の搾りかす。

洗濯はね、少しこぎゃん雨が降る時は、すぐそこに小さい川があったたい。そこでおしんさんみたいにして川でな、洗うと。おしんさんたい、ドラマの。そうよ、おしんは冬の寒い時に川で洗濯なんかするね、すごいなぁ。母なんか、夏の間に毛布とか布団の外側とか大きい品物は冷水の大きい川まで担いで行って、あそこで洗って、持ってきて、家で干したり。

今は楽じゃ、ひねればジャーって水は出るしさ、ひねればガスが出るしね。いつまでこげんいい世の中ば続くのかと思うよ。今はよかな。長生きしないと損じゃ。

中学卒業後に上京

いとこのお姉さんがね、東京の制服ば縫うのところの工場におったっよ。私よりな、六歳お姉さんたい。そこで誰か田舎の人、働くような人いないかって言われたんだって。ほんで、その姉さんから、私のこと思い出したんだって手紙が来た。私は洋裁好きやったもんな。ミシンはなかったけど手で縫って、妹やら弟やらに作って着せよったのよ。母がね、洋裁学校も行かせたかったけどやりきらんだったから、東京に行って習っておいでって出してくれたからよかった。お金がなか。水俣病でお金がかかるもんだから。でも外に出してくれた。

中学卒業した年の七月二五日。わすれもせん。水俣駅から汽車に一人で乗ってね。家族やら親戚やらみんな駅に見送り来よったもんな。兵隊さんを見送るようにな。さよならしてな。ドラマにしたら面白かよ。

十六歳ったら、まだ親と離れたくないじゃない。東京に行くのは嬉しいんだけど、別かるっとが辛かった。関門トンネルを通り過ぎるまでずっと泣いた。別れはつらか。ほんとばい。いつもは喧嘩ばっかりしてるけどさ、兄弟やら親のことやら思いながら涙が止まらんと。でも、トンネルを過ぎたらね、もう諦めた。

東京駅についたら、遠い親戚の人がな、迎えに来てくれとった。小さい時しか私は会っとらんから分かるようにしてきてって手紙が来たのよ。だから、夏だったから、白い帽子にな、青いリボンばつけて行くからって手紙に書いて、それで会えたのよ。

最初はまだミシンはしきらんからさ、アイロンかけだった。三年間ずっと。制服の仕事だった。小学生のオーバーとか、夏暑い時にせんばん。畳に膝まげて正座して仕事するから、膝の裏にあせものできよった。エアコンはなか。アイロンもガスアイロンで重くてあつか。あるのは扇風機だけだった。

仕事してる時は、もう一生懸命だから、頭に家族と兄弟のことは思わん。仕事がすんで、ご飯食べて、布団中入ったら思い出すのよ。兄弟や、親をね。あってん、洋裁習ってためになった。

アイロンかけの見習いを終えて、ミシンの仕事を始めたころ、家から手紙がきたのよ。トヨコの具合が悪いから世話をしに帰ってきてくれって。嫌だった。東京は楽しかもね。でも親の言うことは聞いた。それで一年ぐらい水俣に帰ってきたのよ。妹も、ほかの兄弟も、私が水俣に帰って世話したから安心して外で生活できたのよ。

水俣に戻って赤線の飯炊き

父の妹が赤線をやっとったのよ。昔々の戦後よ。昔は男の人がお金出して遊ぶところ、赤線とかなんとか言うて、な。赤線よ。お金出して男の人が遊ぶところたい。駅の前、チッソの前は花園たい。叔母は嫁に行かないで独身だったからな。平屋で、富士荘とかっていう名前やったな。手伝いに来てっておばさんが母に頼んだっじゃろな。そこで東京から水俣に戻っている間に一か月ぐらい働いたよ。十二月じゃった。うちの母も母だよ。そういうとこに女の子を飯炊きにやってさ。怖かった。なんでもした。過ぎてみれば自分のためだ。

今はきれいになったけどな。マーケットは戦後のままだからな。材料はないし、そこら辺から集めてきて、やっとで建てらったバラックよ。ふーっち吹けば飛ぶような家よ。お店屋さんよ。いろいろ。居酒屋とかそういうのもいっぱい。肉屋とか、魚屋とか、なんでんあったよ。昔は冷蔵庫がないからな、お店屋さんで買って食べよったとよ。

働くとこがなかったたい、戦後。遊ぶというか、可哀想な、体よな。可愛かな、奄美の島のや沖縄の島の女の子たち。まだ少女よ。戦後は働くところがなかったたい。いっぱいいらっしゃった。何軒も、いっぱいあった。

お金ばたい、前取りていうかな。親が先にお金を取りよったじゃなか。身請け、そういう時代もあったのよ。今が一番幸せな、いいとき。ほんとよ。

男の人が遊びこらすけんな。そげんところちゅうとは知っとったからな。怖かったよ。女の子たちは一つの部屋に五人ぐらいおった。男の人と遊ぶ部屋が別にあったもんな。四畳半の部屋が五個くらいあったごたるな。まだ幼いこどもさんだったよ。私はおばさんと同じ六畳くらいの部屋に寝泊まりすると。女の子の部屋は入ったことない。女の子たちとはしゃべらなかった。

朝は、ご飯炊き。五時頃から起きて、ご飯食べさせんばん。味噌汁とご飯と。なんも特別なもんはない。朝から薪、焚き物でご飯も炊いた。寒かときに白菜の漬物ばいっぱいせんばんとやった。おばさんに教えてもらってな。またそげん時が美味しかとやもんな。

休み時間てなかった。掃除から洗濯からなんでんせんばんやった。おばさんの服ばたらいで洗うと。女の子たちは自分自分で。掃除はしなかった。女の子たちがみんな自分でする。出月は井戸だった。三十八年頃にやっと水道がきた。だけどね、富士荘は駅の前だから、水は水道があった。昭和二十七年頃よ。電気はもうあった。うす暗かったけどね。

昼間は水光社にアルバイトに行ったよ。履物売り場で。飛ぶように売れたよ。倉庫から棚に並べる暇はなかった。

お風呂は今の百間の郵便局あたりに銭湯があって。お金出して入りよらしたったい。女の子たちが夕方三時になったらお風呂入り行ってな、自分でお化粧して。髪の毛はな、パーマ屋さんにやってもらっとったんじゃなかんね。

店屋さんの女将さんが揃えた良か着物とかきれいか服ば選んで着てな。大島紬もあった。すごかった。私たちみたいな穴っぽすば塞いで着とるのとは違う。まだ十五や十六歳、若いから肌もきれいなのよ、ロウソクんごとしとらした。ほんによか着物も着たらまた綺麗に見えるわけよ。そしたら男の人はパーやからさ、ボーナスもそのまま女の子たちにやったりしてさ、遊んだわけよ。

玄関に入ったところに座って、男の人たちが遊び来るのば待っとらしたよ。男の人がきて、やっぱりお得意さんがおらすとやろな、選びよらすとたい。チッソの人たちが帰りに遊びにこらすと。出月からもこらしたよ。給料日には繁盛したよ。女の子たちに、そこらへんで買うたお菓子ば持ってきてね。私たちにも芋飴ば持ってきてくれよらした。家には持って帰らないでな。そげん男が多かったとよ。馬鹿だからな。

結婚

実は東京から水俣に戻る前に主人とは付き合ってたのよ。出会いは秘密。文通で出会ったのよ。主人は印刷屋さんで働いていた。私が母から頼まれて水俣に戻っている間、毎日手紙ばくれたの。毎日よ、毎日。筆まめな人なのよ。「こんなに好かれているんだから」って母がまた東京に送り出してくれたからよかった。

母は昔ね、大連の旅館のお手伝いさんで働いてたの。そしたらな、そこの息子さんのお嫁さんに、うちの母をもらいたかったらしか。でもね、母がね、自分とその旅館の息子さんとは位が違うからって。自分は貧乏の娘だし、それでならんじゃったって言ったのよ。母もよかったんじゃないの、昔の旅館の男の人。だからさ、「思う人のおったら、あんたも好きならば行きなさい」って母がやってくれた。父は反対だったのよ。「どこの馬の骨かもわからんような東京の人はつまらん」て腹かいてやったのよ。でも母が押してくれた。それで東京に戻って、昭和三二年に結婚したのよ。

ミシンは昭和三十二年に結婚した後、主人が買ってくれた。でも一気に買えない。高かったもん。三万二千円。給料は少ないし貯金もないから三千円ずつの月賦で買った。それで縫う仕事をたくさんした。自衛隊の服も縫った。

東京でおったのは、四畳半のアパート。台風の時にね、雨がいっぱい降ってアパートの裏の土手がじろじろ崩れてよ。コンクリートもなんもしてなかったのよ。それで、わ、

危ないなと思って。大事なミシンをみんなに手伝ってもらって抱えて動かしたのよ。このミシンは特に重かったたい。台が木でてきてるからな。すぐに家の裏が崩れて、家に泥も入ってきたけど、ミシンは助かった。主人が好きで飼ってた犬を助けんばと思ったけど、埋まって死んだのよ。後から掘ったらぺちゃんこになって、せんべいんごなってな。かわいそうだった。あら、私の代わりに死んでくれたと思った。

あとから一緒になって主人と水俣に戻るときも犬が飼いたくて来たのよ。もう東京でも犬を飼ってたから、犬もつれて自家用車で水俣にきたのよ。主人の実家の神戸で一泊してさ。

トヨコのこと

トヨコが生まれたのは、昭和二十三年。私が十歳ぐらいのとき。産婆さんが湯堂におらしたったい。城山(じょうやま)さんっていう人でね、ここら辺の人は、みんなお世話になって子供を産ませたな。袋は他に誰も産婆さんいなかった。たいがいお産は夜じゃった。夜中でんなんでん、その産婆さんとこに言いに行かんばんで、もう怖かった。自分の足音が、ひたひたして。誰か後ろからついてくるみたいでな、静かだから。今みたくばんばん自動車は通らんしな。暗いでしょうが。嫌だった。でも、私が行かんばんやったの。

トヨコの体は、生まれてくる頃からもう弱かったね。お腹を壊したり、風邪引いたりね。やっぱり、ほら、全身悪かったんだろ。だから太らんやった。

ご飯食べるようになってからは、母はトヨコが好きだった海のものを食べさせた。元気にさせたくてな。魚も買って食べさせてた。うちがた漁師じゃなかったから、特別にわざわざ買って、毒ばいっぱい食べさせてたのね。私たちには元気だからってあんま食べさせてくれんと。まだその頃は毒てわからんかったからさ、甘くもない、辛くもないじゃ毒ちわからないじゃない。辛かったりしたら食べならんど。でも美味しかったもんな。

冬になればカキが岩にいっぱいついとってでしょ。母はトヨコを元気にさせようと思って、坪谷に毎日みたいに取りに行ってたもん。ほんで、取ってきて食べさせたわけ。トヨコが大好きでさ。

カキは生で食べたり、味噌汁に入れたり。美味しかったよ。今頃なら大根とか白菜とか入れてね、家族が多かったからね、こんな大きな鍋で作ったら、余計美味しかった。

潮が引いても引かなくても、毎日みたいに海に行きよったからね。友達同士でカキ打ちも持って行ってね。それで、ちゃっちゃっと殻を開けてね、海の塩水で洗って食べるのが美味しかったのよ。そんなして腹いっぱい食べた。ビナもたくさん拾ったよ。まるまる太ったボラが手で掴めたのよ。今思えばたい、水銀じゃった。でもな、そのときは知らんもな。家に持って帰ったら母が喜んで。味噌汁に入れてたべたもんな。

排水が流れてるところはさ、カキも、こう、口がぱくんって、開いとったもんな。百間のあたりはぶくぶく泡立てて流れよったな。ひどかった。そんなところでは採らない。でも坪谷はいつもきれいで、いつもおいしかったもん。

子守のために学校に行けなくなっても、トヨコはかわいかったよ。横で手繋いで道歩きよったらな、雑草の中に花が咲くとがあるじゃないですか。私なんか見えませんけどな、妹が見つけて。小さいから見えるんやろな。歩いとってな、こう摘んで束にしてな。そして、何するとっち言うたら、母ちゃんに持っていくとって言うてな。まとめてもっていきよった。そこら辺の雑草はな、雑草でも、うんと集めたら綺麗やもね。優しかったもんな、トヨコはな。

トヨコは、学校には一日も行けなかったからな。八歳で亡くなってるから。きっと元気になったら学校に行けるって、喜んどったんだけどね。病気には勝てなかった。もうね、最後にはね、骨と皮ばっかり。大きい目だけはくるんくるんして、毒ば食べさせたもんだから。だって、早く国が言わなかったもんだからね。

可愛くて目がくりくりしてな、鼻がしゅっと高くてね、可愛かったのよ。ほんでな、あんな病気にかからんば、元気しとったのに。じいちゃんがいつもいいよった。トヨコが一番よかおなごじゃったのに早く死んで、て。なして病気で死んでしもうたんね、て。

東京で仕事してるときに何度かこっちに帰ってきたとき、病気のトヨコに何回か会ったけどな、もう寝たきり。トヨコが死んだ時は知らせてくれなかったのね。知らせたら帰ってくるのに汽車賃もかかる、て。後から父が手紙で教えてくれたのよ。そしたら、悲しくて悲しくて、もう仕事する気がせんじゃった。それで帰ってきて、お墓参りしてさ、悲しかった。最初に水俣病のことを知ったのは、東京で。新聞に載ってるのを読んで知った。初めて知った時のことも覚えとる。びっくりしたよ。わ、大変なことや、て。それからトヨコが認定されたち手紙が来たからね。水俣病やった、てな。私？認定されてないよ。私が申請したのはもっと後。東京にいるときは、アイロンとかミシンの仕事は普通じゃった。東京では気が付かなかった。後で水俣に帰ってきてしばらくしてから、手がしびれたり、足に力がはいらなくなって申請するごてなった。でも、結局、未認定。

トヨコは優しい子だったからな。お客さん来れば、あがらんな、あがらな、遊んでいかんなって言いよったよ。歩けなくて寝たきりになったら、もう頭が普通じゃなかった。お客さん来れば、十円ください、十円くださいって言いよったな。元気な時には買い物にいきよったけん。いまんごてチョコレートはなか。からいも飴一個が一円とかじゃった。でも、もう動けないから、買いにも行けないのよね。

でもみんな十円やりよらすけん、そるば握ってた。そしたらね、亡くなった後にさ、畳をあげたらな、隙間にいっぱい十円玉が入っとった。

トヨコは土葬だったのよ。部落の人たちに頼んで担いで、穴掘る人をお願いして、深く穴掘って埋めよらした。トヨコはあとで火葬になったからな。じいちゃんとばあちゃんが死んだときは火葬だったから、納骨堂でみんな一緒のところに入れるように、お骨にして。箱に入れて埋めてあるのを掘り起こして、トタンの上に寝かせてな。死んでもな、一度埋められてもな、形はそのままだからな。親の気持ちわかるわな。悲しかよな。そのときには、ユージンさんとアイリーンさんがおって、火葬した写真ば撮ってくれらした。

東京から水俣に戻る

私たちが水俣に帰ってきたときにはユージンさんとアイリーンさんは別のところに住んでたんだけど、じいちゃんばあちゃんの家が空いたからそこにきてな。

そこの外に釜がおいてあるでしょ。あれはアイリーンさんもユージンさんも入ったお風呂だからね。弟が捨てるところに行き合わせてさ。何してるの？って言ったら捨てるっていうからさ。私がもらうって言って主人のトラックでここ持ってきた。ユージンさんは体が大きいから、釜に入った後は、ぐあーとあふれてお湯がちっとしか入っとらんがね。後から、そんなのが分かって、もう湯船に入らないで。体洗うところだけでお湯を汲みだしてシャワーみたいに、ちゃ、ちゃって洗っとらいたよ。立派な体しておられたけどね、優しかった。

ユージンさんは面白かった。二階が穴ほげて落ちてくるかと思うぐらい笑った。最初は焼酎のみきらんで、ウイスキーばっかだったのよ。そしたらあとから焼酎に慣れてね。焼酎で酔っ払ってた。渋柿の甘い柔らかいのあるでしょう。ここらへんではじぐっしょっていうのよ。それを肴に焼酎飲ました。うちの主人と気が合ってね。主人は、旧制中学まで出とるからな。英語もちょっとわかったの。頭がよかったからな。できたばっかりのこの家でさ、とっくみあいの相撲ばしたのよ。そこ。ふすまに穴があるでしょ。主人とすもう取って穴っぽす空けたのよ。もう大変やったよ。

主人は東京では印刷所で働いていたけどさ、水俣に来た時には職安で仕事ば紹介してもらった。陣内に中屋醸造って醤油屋さんあるでしょ。そこの配達ばしたのよ。今はプラスチックだけどさ、昔は瓶詰で重かったのよ。汗びっしょりになって働いた。

私も働いた。水俣に帰ってきてからはミシンで経済的に助かったよ。あの頃はね、既製服がいいのがなかったから。みんな反物買って私に頼むの。主人が働いとったばってん、ミシンやっててよかった。徹夜で服を作ったことも何回もある。お客さんが頼みに来てくれるからさ、頑張ったのよ。

この家のローンは主人が契約してきてね。私には何の相談もなか。自分の給料を全部入れるごとしてきて。そしたら、米代もおかず代も全部ないじゃない。どうすっとってって言っても、あってん頑張らんばしょんなか、て。それで頑張ったのよ。ミシンもあったし洋裁習ってたから。家ってそんな簡単にできるものじゃないのよ。本当に大変じゃった。

この家は息子と住む予定で、二階にも台所とトイレをつくったのよ。一緒に住むのを楽しみにしてさ。そしたら「こっちは仕事がないから」って、博

多でマンション買った。眺めのいいところよ。息子のうちから飛行機が飛んでいくの見えるのよ。博多駅から傘もささずに行けるところ。一回行ったけど、住みたいと思わんだった。息子と一緒に暮らすのは楽しみしとったけどさ、行きたくないな、都会にはな。ここら辺がよかもん。山がすぐそば、海がそば、な。私がいなくなったらお化け屋敷になるのよ、この家も。

今が一番幸せじゃ

父と母と主人と三人送ったからな。死んでいくときには、借金さえしなきゃいいの。お金ばたくさん残される方もおるけど、それはせんでよか。うちは補償金ももらったでしょ。それまでぜんぜん世話もせんかった人がお金をもらいたがるのよ、遠慮の道も知らんで。だから借金さえ残さなければあとは残らないほうがいい。自分で働いたお金で食べたり飲んだり遊んだりすればよか。旅行も腹いっぱい行った。思い残すことはなか。

今は、水道ひねれば水は出るし、白いごはんを毎日食べられる。食べたいものが食べられてな。こんないい時代はない。今が一番幸せじゃ。ほんとよ。あってん、戦争はかわいそうじゃな。ウクライナ、パレスチナ、なんでやめられんとやろか。殺し合いにして何になるの。戦争したら食べられないよ。

本原稿は、下記の聞き取りを小泉が編集し、二〇二四年三月三日、三月八日に樋口恭子さんの確認・修正を経たものです。

二〇二一年四月二十三日　相思社にて
聞き手：葛西伸夫、木下裕章、小泉初恵、辻よもぎ、
坂本一途、永野三智
二〇二一年五月十八日　相思社にて
聞き手：葛西伸夫、木下裕章、小泉初恵、辻よもぎ、
坂本一途、永野三智
二〇二一年五月二十八日　相思社にて
聞き手：葛西伸夫、木下裕章、小泉初恵、辻よもぎ、
坂本一途、永野三智
二〇二三年六月五日　樋口恭子さん自宅にて
聞き手：永野三智
二〇二三年六月七日　樋口恭子さん自宅にて
聞き手：永野三智
二〇二四年一月十二日　樋口恭子さん自宅にて
聞き手：小泉初恵
二〇二四年一月二十七日　樋口恭子さん自宅にて
聞き手：小泉初恵

水俣の味わい方
例えば、坂本輝喜(てるき)

坂本昭子さん
学生時代に自主交渉派の座り込みテントに顔を出し、公害運動だからというより、土のにおいがしたことから運動に参加し、水俣に通い始めた。卒業後の一九七五年に水俣に移住、第一次訴訟原告の坂本輝喜と結婚し、今に至る。

編集：葛西伸夫

私は一九七〇年に大学に入ったの。超保守的な家系で育ったから、がっつり敷かれた親のレールから逃げ出すのが大変で、東京の大学に入るというのは、当時の私にとっては「合法的家出」という意味だったよ。日本の人口の十人に一人はいるからいろんな人に出会える確率が高いと思って東京に出てきたものの、そうではなかった。何か目標とか理想とかそんなものも持ち合わせてなかったから、二年くらいで東京は嫌になった。電車に乗っても誰も目を合わせないもんね。都会じゃむしろそれがエチケット。満員電車は痴漢が多くて、うんざり。街はミニスカートであふれてたよ。

当時、総理大臣になった田中角栄のお屋敷が、うちの大学の真正面でね。敷地は大学より広かったよ。『日本列島改造論』を打ち出して、鼻息が荒かったからか、お屋敷の角々にポリスボックスが出来てそれぞれに警官が一日中張り込んでたよ。ああ、あの塀の向こうに何百万円の鯉が泳いでいるのかいと思ったね。

私が二年生の時が沖縄返還の年で、沖縄出身の同級生がようやくパスポートなしで行ったり来たり出来るようになった時代だったのね。東大闘争の時、安田講堂に最後まで立てこもった三人の学生の一人が、寮の先輩のお兄さんだったりとかで、「政治」は日常の身近なところにあったよ。

当時は下火にはなって来つつあると言われてたけど、学生が世の中を変えるんだ、という気概はどこの大学にもあふれていた。お嬢さん大学でもキャンパスは立て看板ばかり。それこそ統一教会（日本原理研）から共産党（民青）新左翼の各セクト（核マル、中核、青解…）ノンセクト（べ平連）等々。まるで部活の新入生勧誘のノリで自分たちの陣地に取り込もうと「一本釣り」をやってたよ。教授でもキャンパスの中で学生引き連れてデモ行進する元気な先生もいた。公害問題だったり、学費値上げ問題だったり、障がい者問題だったりと世の中こんな騒がしいのに、ちまちまと勉強なんかしてられるか、って気分。

そのころ学生運動文化てのがあってね。「我々はぁ〜！××でぇ〜！××のもとぉ〜！」と独特のアクセントつけてアジテーションするの。実際何しゃべっているかさっぱりわからんのだけど、聞いてる方も「異議なーし！」とか「ナンセンス！」とか合いの手打つのがお約束だった。立て看板の文字も独特の文体でカクカクに書くのがプロっぽかったのよ。いつの時代も若い子は浅はかよね。

そんなわけで当時はいろんな社会問題の運動がひしめいていたけど、理屈が先っていうか正論で相手を追い詰めるようなのが多くて、ちょっと引いちゃう。でもその周辺を懲りずにウロウロしてたな。

水俣病と出会ったきっかけ？二年生の十二月の暮れよ。同室の寮の先輩が寮生委員長でね、「今からおにぎりを作るから手伝って！水俣病の患者さんたちが寒空で座り込んでる！」というので急きょ皆でおにぎりを握ったの。それが患者さんが上京して丸の内のチッソ本社に座り込みを始めた日だった。寮生委員長がテントに通っている友人を紹介してくれて、その友人がこれまた個性的な人で、私を座り込みのテントに連れて行ってくれた。それからせっせと通うようになったわけ。

石牟礼道子さんの「苦海浄土」を読んだ。目の前の景色に色がついた。それまでの私の世界が灰色とは思ってなかったけど、鮮やかな赤い色が見えてきた。びっくりしたね。

座り込みのテントは寄り合い場だったのよ。患者さんが中心で、学生ばかりじゃなくて山谷（さんや）のおっちゃんや日向の砂糖工場の組合の人とか学校辞めた子とかのるつぼみたいな所。お互い本名なんて知らない。学校名がその人のあだ名になったりとか。

昼間は患者さんたちが座り込んで、といっても長丁場覚悟だから日向ぼっこしてるように見えたな。私たちも患者さんといろいろたわいないおしゃべりをしたりして。夕方は山手線の各駅でカンパ活動して、その場でカンパしてくれた人たちにお礼のハガキを出して。夜は患者さんたちは宿舎に泊まりに行かれるからテントは若い支援者が寝泊まり。毎晩毎晩宴会よ。汚ったない布団を敷いてアニメの歌を大声で歌って焼酎飲んで。リーダーの蘭ちゃんは歌がうまかったな。焼酎は患者さんが水俣から持ってこらした。焼酎の味もここで覚えた。時々本社の中に上ってチッソと喧嘩するときは悲壮感があったけどそれ以外は天国と言うか梁山泊だったな。みんな汚い格好で、朝は『日刊恥っ素』のビラをビルの前でまいてたよ。エリートの丸の内人種にとって本当に吐き気がする存在だったろうね。アハハ！

当時私たちは、各大学でもそれぞれが「〇〇大学告発する会」と名乗って学内で水俣病の映画の上映会をやったりしてたな。ほかの運動と違うところ？ほかの運動は弁が立つ人（インテリ）が前に立って運動を引っ張って行ってた。だから、より弁の立つ人が現れたら争いが起こる。けれど告発する会のルールは「支援者は患者さんの前に立たない」こと。つまり当事者は患者さんであって、支援者はあくまで支援。先走らない。支援者の仕事は寄り添うこと。そのルールがあったから支援者同士のいがみ合いが少なかったんだと思うよ。もちろん小競り合いはあったよ。もともと他人だし。だけど患者さんの前では恥ずかしくてそんな真似できない。患者さんがどこの馬の骨ともわからない若い連中をこんなに受け入れてくれてんだから、その素朴さにみんな救われてたね。人と人がつながる、信じる勇気を大都会のビルの下のテントで教えてもらった。あのテントに集まってた面々はみんな寂しかったんだよね。

大学三年生の夏休みは水俣に来てた。裁判の出張尋問で渡辺栄一君の家、あの古くて暗い家に裁判官が来て話を聞いてた。そういう時になぜか私たち部外者がぞろぞろついて行ってもおとがめはなかった。当時はそれだけ世間で水俣病が注目されてたってことだよね。家族に質問している所を外から見聞きしてたよ。別の茂道の胎児性の患者さんのところにもついて行ったよ。患者さんの家はどこもボロボロだった。トイレもお風呂も家の外にあってさ。出張尋問の意義はその暮らしぶりを知ることよね。

その後は、茂道の牛嶋のじいちゃんの店を一か月ほど手伝った。そのころの学生は、水俣に来たらそれぞれの患者さんの家に行って手伝いをしろってのが指令だったのよ。誰が指令したか覚えてないけど。そこでいろいろ鍛えられるわけよ。でもその頃は学生っていうのは通行手形でね。こっちに来ても患者さんたちが「学生さん、学生さん」って言って可愛がってくれたよね。見ず知らずのところにひょいと来ても、何となくわかってくれて何となく家の中に入れてくれる、そういう時代だったのよね。牛嶋のじいちゃん、ばあちゃんは孫のように可愛がってくれたよ。

ちょうど大学四年になる前が判決だったかな。昭和四十八年三月二十一日。熊本の判決には東京から行った。支援者みんなで「怨」の字のゼッケン着てピケ隊のように座り込んで、松岡洋之助さんがマイク片手に檄を飛ばしていた。あの時は世間の流れが水俣病患者を支援する方向に向かっていたから、判決で勝つってのはわかってたね。そのあとすぐ患者さんたちがみんな上京して来てチッソとの直接交渉が始まった。

直接交渉はものすごかった。島田社長に川本輝夫さんたちが交渉する時、その場にずっとおらせてもらえたんだよ。数十人の支援者が廊下や交渉の部屋にぎっしり座り込むことでチッソに圧力をかけてたんだけどね。歴史が切り替わる一ページに立ち会わせてもらえたんだよ。こんなに有り難いことはなかった。川本さんがテーブルに乗ってカミソリで自分の指を切って赤い血を流して泣きながら社長に「お前の血も赤いか、切ってみろ!」「同じ人間なら赤いはずぅ!」と切々と訴えた。濱元フミヨさんが島田社長に「オレの人生は両親、弟の世話で結婚も出来なかった。オレは処女じゃ。オレを妾にしろ!」って叫んで交渉した時は、本当に目の前の場面から何かが立ち昇って、そこの空気が揺らいでいるのよ。これって現実?私は一生でこういう場面に遭遇することは二度となかろうと思った。

チッソとの直接交渉も一通りケリがついて、座り込みのテントが七月にたたまれた。それまでテントに寄生していた学生たちは宿主がなくなって、それぞれ散り散りばらばら。水俣に移り住んだ者や、またどこか別の宿主を探しに行った者、カップリングも多かったな。

直接交渉が終わった頃って、赤軍のハイジャック事件、三菱ビル爆破事件、警察庁長官狙撃事件、赤軍の国際テロ事件とかが次々と起こって世間の目が大きく変わっていった。学生がやってきたことは幻想だって。大人たちが学生を信用しなくなってきたのね。

あとをどうしたらいいんだろうと、振り上げた拳をどこに持って行ったらいいのか、みたいな、そういう時代よね。多かれ少なかれ何らかの形で社会運動にかかわってきた私たちの世代はね、企業に就職することそのものが日和見主義者、大人の側に与していくような気がしていた。

御多分に漏れず、私もどうにか卒業した後どうしたらいいのか、ぐずぐず一年間福岡で保育園に勤めていたけど、やっぱり自分を持て余して、逃げるように水俣に行ったってわけ。一九七五年四月。結局、私は東京にいた四年間、昔からの親の圧力におびえ続けてただけで、これだ！という確たるものも作り上げてこなかったモラトリアム人間だったのよ。大人に反抗する子供のまま。

テントで知り合った友人の福留さんが先に水俣に移り住んでて、そこに転がり込んだの。まぁ偶然だったけどそのボロ家が輝喜が小一から一〇代を過ごした家でね。トイレと風呂は何とか家の中にあったけどね。でも私が来て一か月でマスさん（輝喜の母親）に追い出された。友人は胎児性や障害児の人たちに熱心にかかわっていたから、坂本家の手伝いはあんまりしてなかったのがお気に召さなかったみたい。おまけにまたわからん奴が増えたしね。

その後は二人で坪谷の田中実子ちゃん家の舟小屋を借りてそこで一年半くらい暮らしたの。しばらくして家を新築することになって、完成するまで舟小屋で田中一家と同居したよ。水俣協立病院は、当時、全国に先がけて訪問看護に取り組んでた。実子ちゃんの所にも、よく来て髪を洗ったりしてたよ。実子ちゃんが具合が悪くなって病院に入院した時、アサヲさん（実子さんの母親）は泊まり込んで二十四時間付き添いしてたので、その手助けを私たち二人もさせてもらったの。

元気に退院してくれたのは嬉しかったな。義光さん（実子さんの父親）はお遍路詣りに福岡の篠栗町まで私たちを連れて行ってくれたし、長女の綾子さんも妹みたいに可愛がってくれた。

私は「支援者」として来たわけじゃなかったけど、前からいる支援者からは、そのあいまいな立場のせいでか、相当きつく当たられたよ。目障りだったようよ。その一方で、水俣で一番最初に友達になってくれた同い年で未認定患者のTちゃんには助けられたな。毎日のように遊びに来てくれた。結局又、患者さんの周りをウロウロしながら、「私はここにいていいんだろうか」「私は何を求めてここに来たんだろうか」と何度も自問しながら水俣から離れられないでいた。

相思社が出来たばっかりだったな。全国から若い人たちがあちこちグループで家を借りて住んでた。「相思社」「侍」「事務所」「若衆宿」「遠見の家」「唐船荘」…。まだセクトの匂いが残っている所もあったな。もちろん個人で家を借りて住んでいる人も沢山いたよ。

相思社は、「患者さんのもう一つのこの世を！」という石牟礼道子さんの呼びかけで全国のカンパで出来た建物で、患者団体の集会所だったり、患者さんと支援者の共同作業

若衆宿

場（きのこ工場）だったり、移動診療所を立ち上げたりしてた。共同作業場も移動診療所ものちに無くなった。

こっちに来てびっくりしたこと。それは裁判で勝った患者さんたちが次々と豪邸を立て、家の中に引きこもっていったこと。「奇病御殿」と言われてたな。患者さんたちが相思社に集まってお金を出し合って、今後のことをいろいろ話し合ったり計画したりしてるもんだと勝手に想像してたけど絵空事だった。患者さんたちも一枚岩じゃなかったしね。

うち（坂本家）では裁判に勝ってお金が下りてきたとたん、裁判中は見向きもしなかった親戚がお金をたかりに来てたらしい。それまではチッソに対して、国に対しての喧嘩だったのが、今度は攻撃相手が身内同士になったりとかね。ますますやりきれないわけよ。どこの患者さん宅も似たようなもんだと思うよ。うちのマスさんなんか、「俺の命を削った金！俺がどう使おうが誰にも文句は言わせん！」と隠居小屋を別に建てたりしてたからね。お金が入るってことは、そこに不幸を呼び込むのよ。「死に金」だから。「生き金」は自分で稼いだ誇りある金、「死に金」は、誇りをもてない、ころがりこんだ金。

奇病御殿に引きこもっていく患者さんたちの心情を丸ごと受け止めた上でなきゃ、次の新しい戦いは出来なかったのよね。チッソとの細目交渉は続いていたけど。

そのころ運動で一番力を入れてきたのが未認定問題。川本さんがもともと取り組んできた問題だった。相思社の患者会議もそれが中心で、未認定の患者さんたちが次々と声を上げてきた。

そういった大人たちの動きの下で、若い患者たちは置いてきぼりだったの。「胎児性の子どもたちはかわいそか、あってんむずかしかもんなぁ」大人たちからはそれ以上の答えは、なかった。「若衆宿（わかしゅうやど）」

は吉田司（つかさ）さんが立ち上げて、一任派の子どもたちも訴訟派の子どもたちも一緒に寄り合っていたのだけど、大人たちは（吉田さんを）一任派のスパイじゃないかと疑ってたそうな。そのくらい地元はピリピリしてたのよ。一任派も訴訟派も未認定の家の子も学校では同じ教室で机並べて過ごしてたというのに。若い患者たちの大人には言えない本音を出し合う場は、秘密の場として成り立ってたわけ。

　その周辺をウロウロしてた私は、最初は門前払いされてたけど、少しずつ受け入れてもらうようになったのね。そこでは吉田さんと輝喜が本音をぶつけた悪口合戦。その合間に渡辺栄一君が見当違いの応援、江郷下美一（えごしたみかず）さんが兄貴面してたしなめる、といった他では見られない光景が展開しててね。面白いのよ！若衆宿に行くと、みんなが本音を、普通しゃべらんようなことを話すのよ。「しごとよこせ！」のビラもそんな中から生まれた。こんなことを若い人たちが考えているって事すら大人たちは想像もしてなかったみたい。

　吉田さんは若い人だけじゃなく、大人の患者さんたちの所も回って聞き取りをしてたね。昔だからカセットテープ。若い人がしゃべるときもいつもテープ回してた。そこで出来たのが『※下下戦記』。一見素朴で情の深そうな人たちが垣間見せる闇の深さ、そういうのを見のがさず記録していったあの本

結婚当初の坂本輝喜さんと昭子さん

※『下下戦記』
　吉田司著　大宅壮一（ノンフィクション受賞）
　若い水俣病患者たちの憤怒を赤裸々に描いた。

はすごいと思う。

聞き書きは、聞く人の力量がもろに試されるよね。例えば患者さんの所に「苦労した話」を聞きに行くとするじゃない。「ご苦労なさったんですね」と何人もの人から請われたら、だんだん上手になって来て物語が出来上がる。いつの間にか苦労自慢の話にすり替わっちゃう。聞く人がわかったつもりで聞くから、結局平面的なお涙頂戴の話で終わっちゃう。もっとリアルを求めなきゃ！特に報道関係者！

輝喜と初めて会ったのが、友人の所に転がり込んでからしばらく経ったある夜。友人と新築の家の玄関をガラッと開けたら、ヌンチャク持って「ヒョーッ！」って叫んでカンフーやってたよ。ブルース・リーにかぶれていたからさ。「何じゃこの人は〜」当時定時制高校の学生だったよ。尤（もっと）も一年生を五回留年してたらしいけど。

支援者の間では評判悪かったね。「内股膏薬」と呼ばれよったの。足の内側につけた膏薬が、いつの間にか反対の足の方にくっついちゃう、いい加減な奴って意味。コウモリね。侍に行ってああしゃべって、事務所に行ってこうしゃべって。その場その場で人に迎合して全く違うこと言ってしまうもんだから、ますます人から不審がられよった。そんなんでも最後は自分を道化に見立ててブラックユーモアでしめくくるから、「こいつ面白い奴」として許されてたな。信用はされてなかったけど。

石原裕次郎風輝喜

家族からも信用されてなかったな。特にお金。銀行にお金下ろしに行くのに、実じいちゃんは決して輝喜に通帳預けなかったな。友人とこに転がり込んだばかりの見ず知らずの私に頼む位やったから。

最初は相思社の作業所にちょこっと通っていたけどすぐ辞めて、左官の仕事に通ってた。

でも体弱かったからしょっちゅうさぼってたんじゃないかな。若衆宿に出入りするのは、そこが居心地よかったから。そこに集まる若い衆と同じ闇を抱えていたからだろうね。

チッソ附属病院の細川先生が一九五六年ころ奇病患者宅を回った時、母親のマスさんだけでなく当時二歳だった輝喜にも症状があると記録（細川ノート）に残っているのよね。小学校の体育は全部見学だった、って。胎児性ではなかったけど、協立病院の藤野糺（ただし）先生は小児期発症水俣病と診断してくれ

坂本ますおの子
×{坂本輝喜} 昭29.11.14生 月の浦

発病 昭32. 3月 中旬.

初診 昭32. 4月 30日 往診

経過 今年3月中旬頃からよくつまづく様になった 4/10 離乳
勿論 3月上旬までは歩いたり走ったりしていた。

現症 昭32. 4. 30.
(1) よだれ (±)
(2) Gangstörung (卄)
(3) Sprachstörung (±)

環境 母ますおと同じ

往診 32. 5. 2
1) Gang ungeschickt (+)
(右足がわるいと家人は云ふ)
(Beinの長さは左右殆ど同じ)
(開閉運動正常)
2) P.S.R u. A.S.R gesteigert (+)
3) Muskelrigidität (−)
4) Tremor (−)
5) よだれ (−)
6) Schluckbeschwerde (−)

環境 魚貝食。以前は魚介類を沢山食べたが 昭31. 11月頃からは現地のものは一切食べぬ。

大学へ入院したと云ふ。

「細川ノート」に残る記録

た。最期まで未認定だった。輝喜が認定されてないというのを伝えると昔からの患者さんたちは皆が皆「ええっ!?」て言うよ。中学生の時、裁判の原告だったんだから。

輝喜は「親たちは水俣病になる前の普通の世界を知っとる。たとえ貧乏でも。でも俺たちは生まれた時から水俣病の世界しか知らない。」ってよく言ってたね。

水俣で暮らすのがあまりにしんどそうな時、「水俣から出ようか」って誘っても「自分が水俣から出て生きていけるやろか」っておびえてたね。後で出稼ぎと称して東京や京都に行った時も、現地の告発する会に入り浸っていたみたい。

最初は、月浦の海べたの家に住んでたの。六畳に土間だけのおんぼろ家。そこに一家四人で暮らしてて、ランプのホヤ磨きしてたっていうのよ。昭和三十年代の中ごろよ。世間ではテレビがお茶の間に流行った頃なのに。

出月に引っ越してからも学校の給食のパンを、みんなが残したパンも持って帰って家族に食べさせてたそうよ。学校から帰ったら、じいちゃんも、父ちゃんも、母ちゃんも雁首揃えて寝とったそうな。ヤングケアラーよ。

マスさんは飲んだくれであちこちで※山芋掘ってさ、迎えに行くのが輝喜の仕事だった。周りの人も憐れむわけよね。「あんなおっかさんに生まれて」。その憐れみをもらうのもきつかったって。ある時母親の首を絞めようとして、「親ば絞め殺すとかぁ！」と。

通信簿には「子どもの服装をきちんとして下さい」って書いてあったって。風呂場には蜘蛛の巣が張ってたというのに。生活保護の時代もあったって。

※山芋掘る
熊本弁で、（酔って）同じことをくどくど繰り返して他人にからむこと。

それでも小学校と中学校の図書室の本は全部読破したというから大したもんよね。数学とかさっぱりだけど、国語と社会だけはよかったんだって。

安賃闘争で村が真っ二つに分かれ、チッソと交渉中の患者は一任派と訴訟派に分かれた。うち（坂本家）はどっちに行くかですごくもめたんだって。輝喜とマスさんは訴訟派、留次じいちゃんと実さんは一任派。結局吠えまくり派が常識派を打ち破った。と言っても訴訟派も一任派も紙一重の世界なのよね。ほかの家庭も似たようなもんじゃないの。

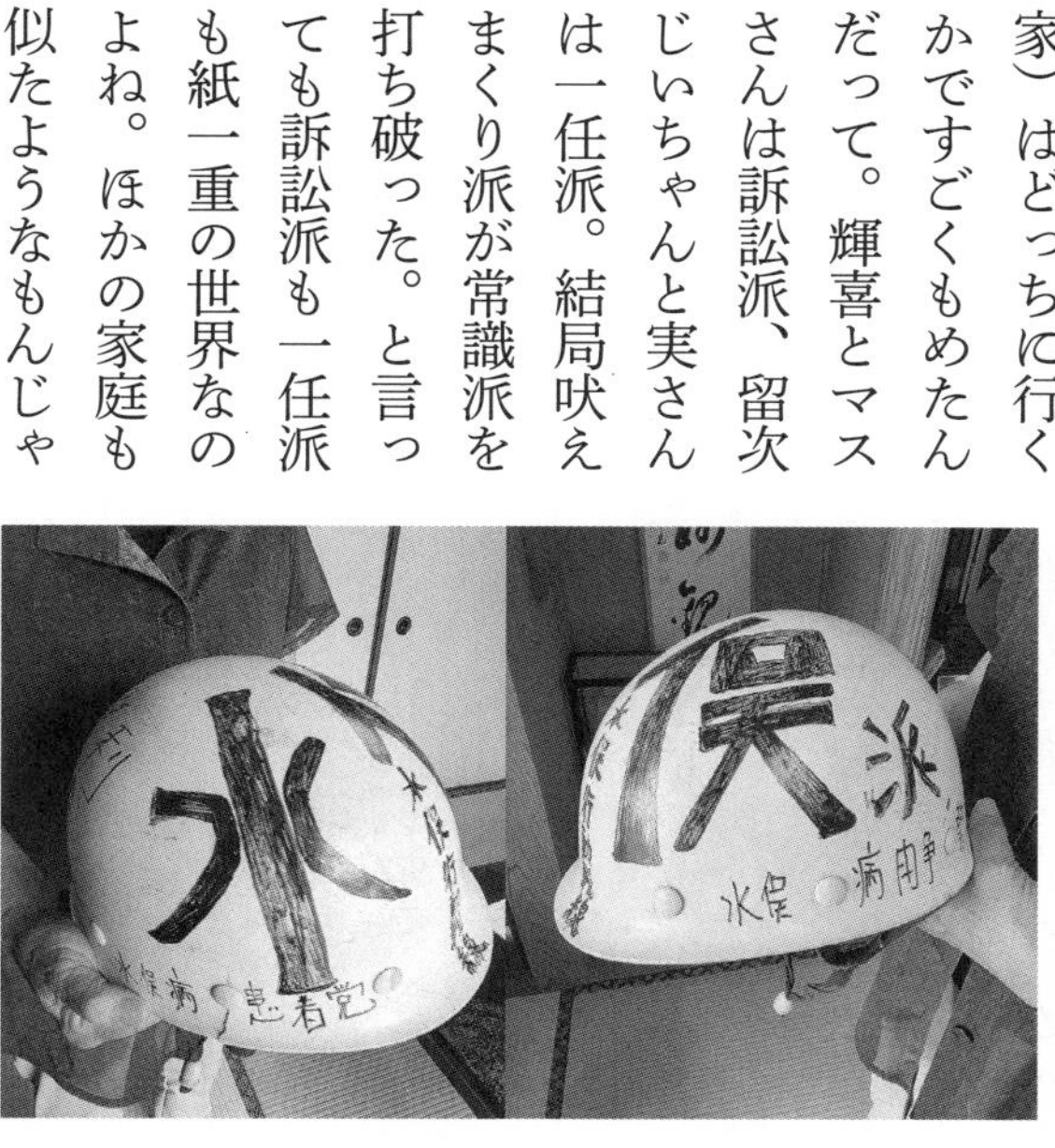

「水俣派」ヘルメット

チッソに楯突くという途方もない選択をした訴訟派は、地元からさらにさげすまれる一方、支援する市民会議、チッソの第一組合、熊本告発する会、弁護士軍団、社会党、共産党、協立病院、全国の人々に支えられたのも事実。

学生運動にメチャクチャあこがれとったなぁ、輝喜は。中学校の時、「坊主反対！」って友達三人で校庭をデモしたって。先生からは「※きゃあのぼせ！」って大目玉食らったそうだけど。安賃闘争の時のピケ小屋の話も嬉しそうに話してたから、子ども心にワクワクするものに出会ったんだろうね。大人になってからも選挙の時期になると毎回フィバーしよったもんね。

※きゃあのぼせ
「調子にのりやがって」
熊本弁

私は若衆宿でべらんめぇ口調でまくしたてる姿をよくみてたから、騒がしい人っていう印象だったけど、地元の人に聞いても、反応薄くて「目立たない、よくわからない」ばっかりなのよ。私の知っている輝喜と合致しない。まあ内弁慶と言うかシャイだからか。

吉田さんに出会って、やっと自分のことをわかってもらえる人に出会えたんだと思う。

憑依型の人間だからブルース・リーだけでなく、新選組の土方歳三やら特攻隊やら、ひどいときは自分が戦前に生まれたと思い込んで「ギブミーチョコレート」って兵隊さんについて行った記憶があるとか、現実と空想の区別がいつもあいまいだったよ。話に尾ひれがつき出すとと止まらなくて、「ほら吹き」と言われよった。大事なことは他の人に事実確認をしなきゃならんかったね、いつも。

要するに物語が大好きなのよ。歴史物の話をさせると天下一品だった。まるでタイムスリップしてその場を見てきたくらいに登場人物が生き生きしてた。もともと歴史は詳しいし、大学時代こんな先生に教えてもらいたかった、ってつくづく思ったもんね。司馬遼太郎の本を読んでるくらいに臨場感があってね。国語の和歌や短歌も、こっちが度忘れしたのもちょっと聞くとさらさらと答えてたもんね。実じいちゃんなんか自分の息子のことを「テレビよか面白い」って言ってた位。

今でいえば発達障害の部類だろうね。能力の凸凹が極端だったから。生活面でいうと幼稚園でもわかるようなことが出来なかった。例えばお風呂から上がるときは蓋を閉めるでしょ、普通。その習慣をつけさせるのに八年かかった。喧嘩してうち飛び出す時もバッグの中身はパンツが十枚だけとかね。家出も準備してやんなきゃ〜ってレベルよ。アハハ。

お金の管理こそ全くダメ。そんなだから当時の我が家の生活は、まともな人が見たら卒倒しただろうね。これに実じいちゃんやマスばあちゃんが絡んでいたからなおさら漫画の世界。若衆宿の面々も似たり寄ったりだったよ。当時はやった少年チャンピオンの「がきデカ」や「喜劇新思想体系」や「天才バカボン」そのものよ。エログロナンセンス不条理ギャグ漫画。私が輝喜を、いつもどなって叱ったから、うちの子どもたちはいい迷惑だったみたい。今でもチクチク嫌味を言われるから。子供はまともな世界で育てなくちゃあね。

とにかくね、輝喜は日常生活をどう組み立てていけば普通の生活ができるのかがわからない。最初はね、私「水俣病っていうのは、こんな風に人の人生を狂わせてしまったのか。」って思ってたのよ。発達障害という言葉がなかったころはさ、すべてが「トラウマ」と思っていたけど、それにしてもズレすぎているのよね。可哀そうも、同情も我慢の限界。喧嘩する時は「輝喜は左脳は水銀で焼き切れて、右脳だけで生きとっとやろ！」って悪態ついてたよ、私。

しょっちゅう家出してあちこち行くわけよね。「あんたがそんなに出たかったら、釜ヶ崎でもどこでも住んで、そこでのたれ死んでも、それが本当にあんたの生きたい道だったらそれでもいいよ」っていう話もしてたよ。嫌味でなく、本気で。私としては畳の上で死なせてやりたいっていう気持ちがあったけど。普通の暮らしは出来ない人なのよ。本人は嫌味としか捉えてなかったけど。へへ。

私が水俣に来てすぐの頃だったけど「また輝喜が自殺未遂した！」って情報が流れて。とにかく生きるのが必死だった。ギリギリのところで生きていたから自殺未遂もした。自分の人生を、チッソや「世間帝国主義（輝喜の造語）」の好きなようにさせてたまるか、ってのがあったと思うから。

支援者の間では「輝喜が近づく人は、落ち目になってる人。輝喜が近づいたら自分が落ち目だと思って気をつけろ。」って貧乏神みたいに言われよったよ。うまくいかなくて苦しんでいるような人の所にスーッと入っていくような人だったからさ。それは輝喜の美徳でもあったよ。決して人を切らない。あの人は、人からずっと切られてきた人だから、人を切りきらん。これは私が輝喜に学んだ大切な教訓。

だけど、だけど残念なことにその人を守り切らん！同じ水俣病で成績の悪い子がいて、その子をみんなが馬鹿にする。自分も馬鹿にする側にいた方が、自分もいじめられなくて済む、という立ち位置にいるような卑怯な人なわけよ、全く。だけどその卑怯さを本人は自覚もしている。遠藤周作の『沈黙』に出てくる「転びの吉次郎」みたいな人よ。芥川龍之介の『蜘蛛の糸』の「犍陀多（かんだた）」にも似てたな。卑怯で、ほら吹きで、無責任で、貧乏神で。

ただ「善意の持つ傲慢さ」や「悪気がないのが一番たちが悪い」。そんなのには輝喜はとても敏感だったな。だから決して正義のヒーローにはなれない。輝喜のブラックユーモアは最高に冴えてたよ。ある晩、深夜テレビでたまたま観たシェークスピア劇の「オセロ」。そこに出てくる悪役の「イアーゴー」のこれでもかというやらしさに感激して二人ともすっかりシェークスピアのファンになったもんね。

支援者につけるあだ名も冴えてたね。言い得て妙というか。その人の特徴とか本質をぱっと掴んでた。

もう一つの美徳。『どっこい！人間節』という横浜の最底辺の人たちを撮ったドキュメント映画がそのころあったのね。輝喜を見てるとその本能のまま、正直に生きてる姿が、私にとってどっこい人間節だったの。これだけ馬鹿やっても、自殺未遂しても、生きることに対する執念がすごく強い。自分をあきらめない。

あきらめてしまおうとすることがいくらでもあった時に、あきらめなくていいって思わせてくれたのが輝喜だった。自分にとても正直な人。それに救われた。自分をだませないというのは貴重な才能よ。

人は誰でも自分を飾り立てたがる。金だったり、名誉だったり、正義感だったり。輝喜も飾りたかったのよ、実は。美容整形や変身願望はとても強かった。だけどどうやっても飾れなかった。あまりに正直すぎるから。すぐに化けの皮がはがれてしまう。みっともないままに生きてた。だから結婚したのよ。私は救われた。やっと生きていけると思った。

2001年頃人吉にして

結婚してからも、体が悪くてとにかく働けない。実じいちゃんの漁の手伝いがやっと。タクシーの運転手になっても、二、三日で幻聴が聞こえる。陰で俺の悪口言ってるとかなんとか。どこに行っても同じ。だってまず出月を歩けない。歩いたら「人が自分のことを指さして何か言ってる」、坪谷でも一緒。だから車は身を守る鎧だったよ。「醤油が足りんけん、ちょっと買うてきて」と頼んでもそこに分配所があるのに絶対行かない、月浦の店にも絶対行かない。町まで買いに行きよった。精神科の病院に何回も入院したよ。あんまりひどいから、もう水俣出ようかねって話何回もしたよ。それの繰り返し。地元が怖いのよ。出稼ぎと称して、時々水俣から逃げ出してた。京都や東京、福岡とかに行くから毎月こっちからお金を仕送りしよった。世間の人は「出稼ぎでよかな。」なんのことはない、毎月十万くらい送り寄ったよ。じゃないとあっちで暮らしていけないの。

宗教も大好きでさ、真言密教は最後まで手放さなかったね。お寺も真言密教に入れてあげたかったけど、水俣にはなくてね。

輝喜にとって宗教は、うさん臭さがないとダメなの。芝居小屋風のね。最初のおすすめの宗教がね、浜松のオートバイ屋の親父さんがやってる神道系の宗教。「台風の進路を自分の宗教で変える」そうな。その人の起こした奇跡の写真とやらを色々見せてくれて、絶対行きたいっていうから一緒に行ったよ、浜松まで。人のいい親父さんだった。ただね、浜松で輝喜が言うわけよ。その人の口真似で。「おら昨日夢見ただよ。イエスと釈迦が出てきておらにこう言っただよ。」（爆笑）輝喜の面白いところは、あんなに信じながらもその本人をさんざんコケにする所。イエスも釈迦も浜松弁しゃべってたそうな。

でも大元には、体を治したいっていうのがすごくあったけんね。マスさんが具合が悪かったりするとね、そこに電話かけて「祈ってください」って言ってたし、最後の方に信じとった真言密教の時もしょっちゅう電話かけてしょっちゅう寄付してた。奇跡をずっと求めてたね。奇病時代にいろんな宗教

タコツボに手を置く輝喜さん
後ろには恋路島

が入り込んでいたらしいね。どの宗教も治しきらんと。輝喜にとって真言密教は、奇跡を起こすところがミソだった。キリスト教も奇跡の部分だけはお気に入りだったよ。

もともと（輝喜の父方の）留次じいちゃんがまじないが得意な人で、輝喜が小さい頃、いろんな奇跡、奇談を言って聞かせてたみたいで。本人も霊が見えてたからね。こっちでは普通に、霊が見える人沢山いるよ。まっぽしさん（この地域の霊媒師）なんか水俣だけでも私が知ってるだけで数人はいるよ。私は全然見えないけど。輝喜はスプーン曲げなんか何本も曲げるから、あとが使えんでもったいないから止めさせたせたくらい。あれは、留次じいちゃんだけでなくて、マスさんの感受性も受け継いだんだろうね。マスさんは私にとって巫女みたいな人だった。

一九九五年、水俣病の医療手帳を発行することで、未認定問題を骨抜きにしようという国の動きが出てきた。

昔は相思社で、申請中の患者さんの集会が毎月のようにあってたのね。最初は輝喜も入ってたけど、そういう大人の動きにはあまり入りきれなくて、そこから抜けてね。かといって他の団体に入るわけでもなくて。一匹狼ならぬ一匹野良猫だね。今すぐ病院代がタダになる医療手帳を取るか、病院代払っても棄却になっても何度も申請し直して認定するまで戦いを貫くか、どっちかを選ばざるを得ない状況に立たされたわけ。

そこまで患者の立場は追い詰められたのよ。「あんたどうする？どっちでもあんたが決める方を応援するから。」と言ったら、団体にも属さないで一人で戦うのはしんどすぎると思ったのか、「医療手帳」て言った。精神症状は進んでいくし病院代は嵩張るし、家に入る金は、実じいちゃんのチッソの年金と老齢年金だけ。認定患者の留次じいちゃんもマスばあちゃんももうあの世に行ってた。漁業の稼ぎは船の油代でトントンだし、私のバイトだけじゃあ先が見えない状況だった。実じいちゃんがこの辺では珍しく、酒にもギャンブルにも手を出さずしっかり貯蓄するタイプだったからどうにか暮らしていけたんだよね。

そのちょっと後から輝喜は精神障がい者の会「七浦の会」に入った。そこで輝喜くらいのレベルの障がい者の人が、障害年金をもらっているのにびっくりしてね。ええっ、このレベルで年金出るんか！とショックだった。もっとひどい人しかもらえないと勝手に思ってた。私の勉強不足と言えばその通りなんだけど、周りから誰もアドバイスをもらえてなかったことが悔しかったね。何度も精神科に入院してるのに病院側からも声かけはなかった。支援者からも聞いてなかった。支援者は、認定問題しか見てないのか、患者にとって水俣病は自分の生活の一部でしかないのに。認定獲得路線一本だけじゃなくて、別の路線が使えるなら、それで当面の生活基盤を支えるという柔らかい考え方が欠けてた、って思うよ。その後介護の仕事についてから、ケアマネージャーという分野を知って、これが支援者の視点には必要だったんだ！と強く思ったね。トータルとしての患者の日常生活を知るべき、特に経済面。

相思社で始めの頃取り組んでいた移動診療所、保健師の堀田さん達が頑張ってたけど、もっとあの頃、患者さんの生活丸ごと支援するって視点を支援者みんなが真剣に考えてたら、運動も、もっと違った形になってたかもしれないね。酒とギャンブルで補償金使い果たしてぐじゃぐじゃになった家いっぱい見てきたもんね。

二〇一四年七月二十六日輝喜は、五十九歳で亡くなった。輝喜のエピソードは尽きないけど、私から見たら絶滅危惧種並みの超面白い生物発見！だったよ。暮らしを共にするのは、笑ってられないほどきつかったけど、それを差し引いても面白さの方が勝つよ。まあ亡くなって十年たったから言えることかもしれないけどね。生きてる時は、あん畜生！だったけど、いいもの見せてもらえて有難うです。こんな患者が水俣に生きて死んでいったということを、皆に知ってもらいたかった。

本原稿は、下記の聞き取りを葛西が編集し、二〇二四年二月一四日、二月
坂本昭子さんの確認・修正を経たものです。
二〇二三年二月三日　坂本昭子さん自宅にて
聞き手：小泉初恵、辻よもぎ、永野三智
二〇二三年三月三日　坂本昭子さん自宅にて
聞き手：永野三智
二〇二三年六月一六日　坂本昭子さん自宅にて
聞き手：永野三智
二〇二三年七月四日　坂本昭子さん自宅にて
聞き手：永野三智
二〇二四年一月三〇日　坂本昭子さん自宅にて
聞き手：葛西伸夫
二〇二四年二月一四日　坂本昭子さん自宅にて
聞き手：永野三智
二〇二四年二月二〇日　坂本昭子さん自宅にて
聞き手：葛西伸夫

彼が少なくともこの世のどこかに存在したという記録。

作・坂本輝喜の子、山下　睦

小学校の頃
インドてどこだ?
カレーの国だよね
おとんがインドに行ったらしく長い間帰って来なかった

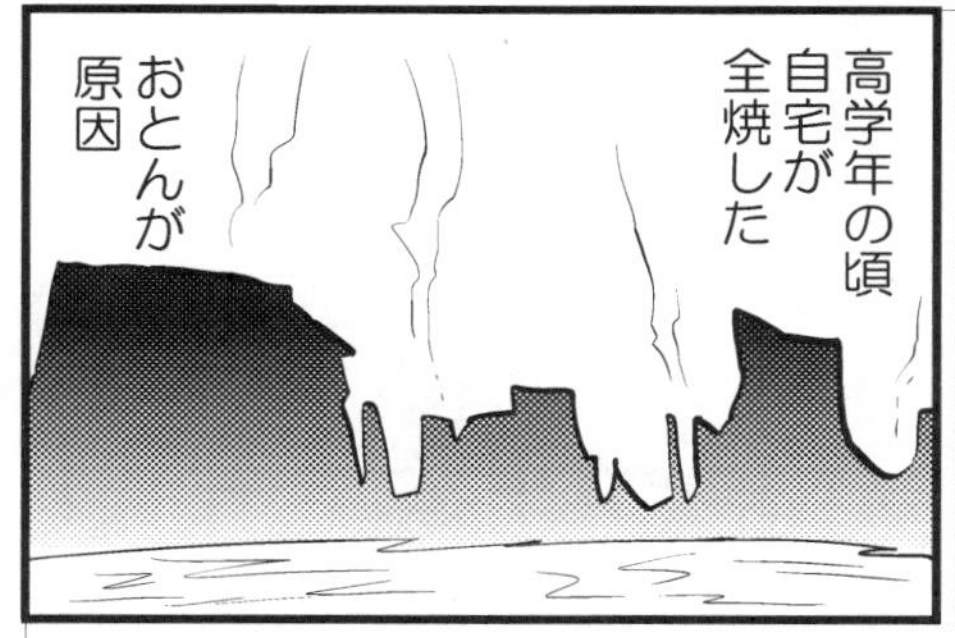
高学年の頃自宅が全焼した
おとんが原因

その間のおかんがとても穏やかだった気がする

キャキャキャー!!
火事にあったのに驚くほどトラウマになってないのに自分で驚く
※画像はイメージです。

おとん帰ってこなければいいのに

むしろトラウマは

でも帰って来た
未だに手元にある革製の猫の小銭入れ
お香くっさいおみやげたくさん

絶えない夫婦喧嘩
な〜んだかねむ〜くなって来ちゃってとゆあ〜

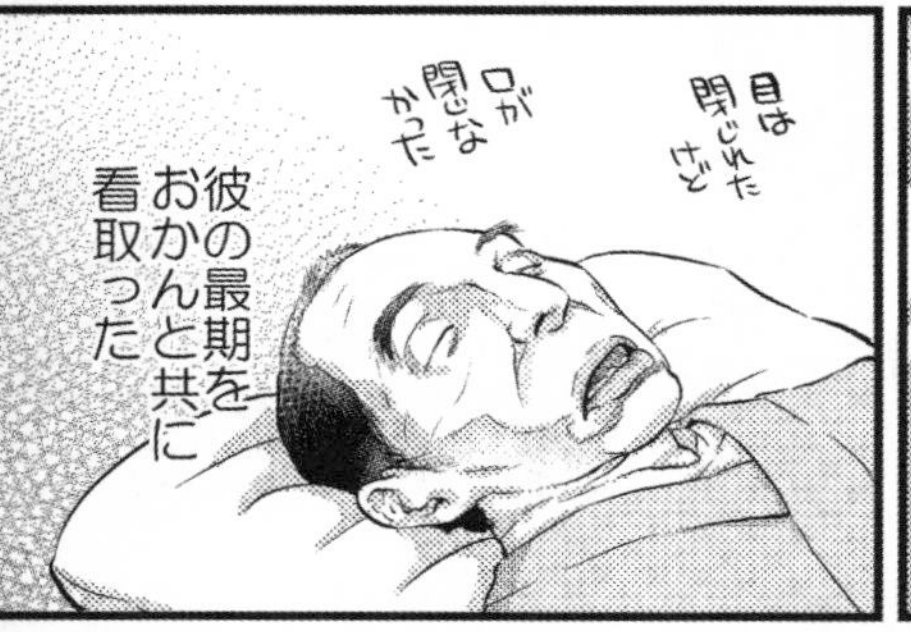

…模擬通夜とでも
言おうか
あれを見て、
私は
「ああ、おとん
愛されてたんだ」って
やっと分かった

それでも
何か言わずに
居れなかったので

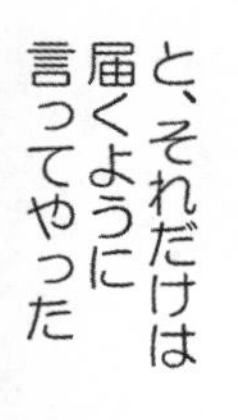

と、それだけは
届くように
言ってやった

糀原Dr. 090－

臨床病理検討会 糀原 准教授 27年 2月 5日 【剖検番号 10702】 1

剖検記録

氏名	坂本輝喜	年令	59	生年月日	S29年11月14日	性	男	職業	
出所	国保水俣市立総合医療センター 消化器内科			本籍					
受持医	本田/岩﨑			現住所	水俣市袋				
遺族氏名	坂本昭子（妻）			連絡先	0966－				
死亡	平成26年7月26日 午前／後 6時51分								
剖検	7月27日 午前／後 10時33分			死後時間	27時間42分				
執刀者所属・氏名	西東・塩田・大園			記録者	岩﨑（水俣市立総合医療センター）				

熊本大学　剖検番号１０７０２　臨床診断：突然死、肝癌、Ｃ型肝硬変、水俣病疑い

剖検診断：急性心筋梗塞＋肝細胞癌＋Ｃ型肝硬変

Ⅰ：主診断
1. 急性心筋梗塞（左室内膜側；後壁・中隔＞前壁・側壁）
    1) 冠動脈粥状硬化症（狭窄率：左主幹部 30%, 左前下行枝 80%, 左回旋枝 40%, 右冠動脈 90%）
2. 肝細胞癌（左葉 S2, 10x7mm, 中分化）

Ⅱ：副診断
1. C型肝硬変（1460g）
    1) 脾腫（800g）
    2) 食道静脈瘤
    3) 腹水症（2000ml, 漿液性）
2. 高血圧性心肥大（440g, 左室 18mm）
3. 良性腎硬化症（高度）（右 128g, 左 110g）
4. 大動脈粥状硬化症（中等度）
5. 臓器うっ血；肺（右 970g, 左 998g), 脾（800g）
6. 胆石症；黒色石 1cm 1個
7. [2型糖尿病]
8. 陳旧性脳挫傷（左前頭葉下面）

死因：Ⅰ-1

【総括】

59歳男性、脳挫傷後後遺症で長期入院中、水俣病申請後未認定で医療は救済措置を受けていた。また、C型慢性肝炎・肝硬変及び肝細胞癌で国保水俣市立総合医療センター消化器内科外来フォロー中であったが、腹水増加と肝性脳症の診断で医療センター入院となった。加療により病状は改善傾向であったが、入院4病日に突然心肺停止となり永眠された。死因特定と水俣病検索目的に病理解剖となった。

心は高血圧性心肥大を背景に、左室内膜側全周（中隔・後壁優位）に急性期出血性梗塞巣（再灌流障害）を認めた。冠動脈は3枝共に高度の粥状動脈硬化を認めた。肝はC型肝硬変で、S2に径約1cmの肝細胞癌を認めた。肝硬変による門脈圧亢進を反映し食道静脈瘤と脾腫、大量腹水認めた。両腎は表面が地図状に陥凹し、陥凹部に一致して楔状に糸球体硬化と尿細管萎縮を認めた。中小動脈壁の肥厚を伴っており、良性腎硬化症と診断した。脳には左前頭葉に陳旧性脳挫傷を認めた。

水俣病検索は脳脊髄の解剖と診断を環境省国立水俣病総合研究センター（以下国水研）前所長の衛藤光明先生、水銀定量を国水研に依頼した。神経病理学的所見として、左前頭葉下面の陳旧性脳挫傷と両側内頸動脈・椎骨動脈のアテローム斑を認めたものの、病理組織学的検索及び水銀定量いずれも水俣病を示唆する所見は認められなかった。

以上より、本症例の直接死因は急性心筋梗塞であり、背景に高度の動脈硬化症や低アルブミン血症による血管内脱水があり、血栓が出来やすい状況にあったと推測される。肝細胞癌を伴っていたが早期癌であり、死因に直結するものではないと考えられた。

剖検担当医：西東洋一

指導医：糀原義弘

輝喜の剖検記録
本人の生前の希望により解剖してもらいました。

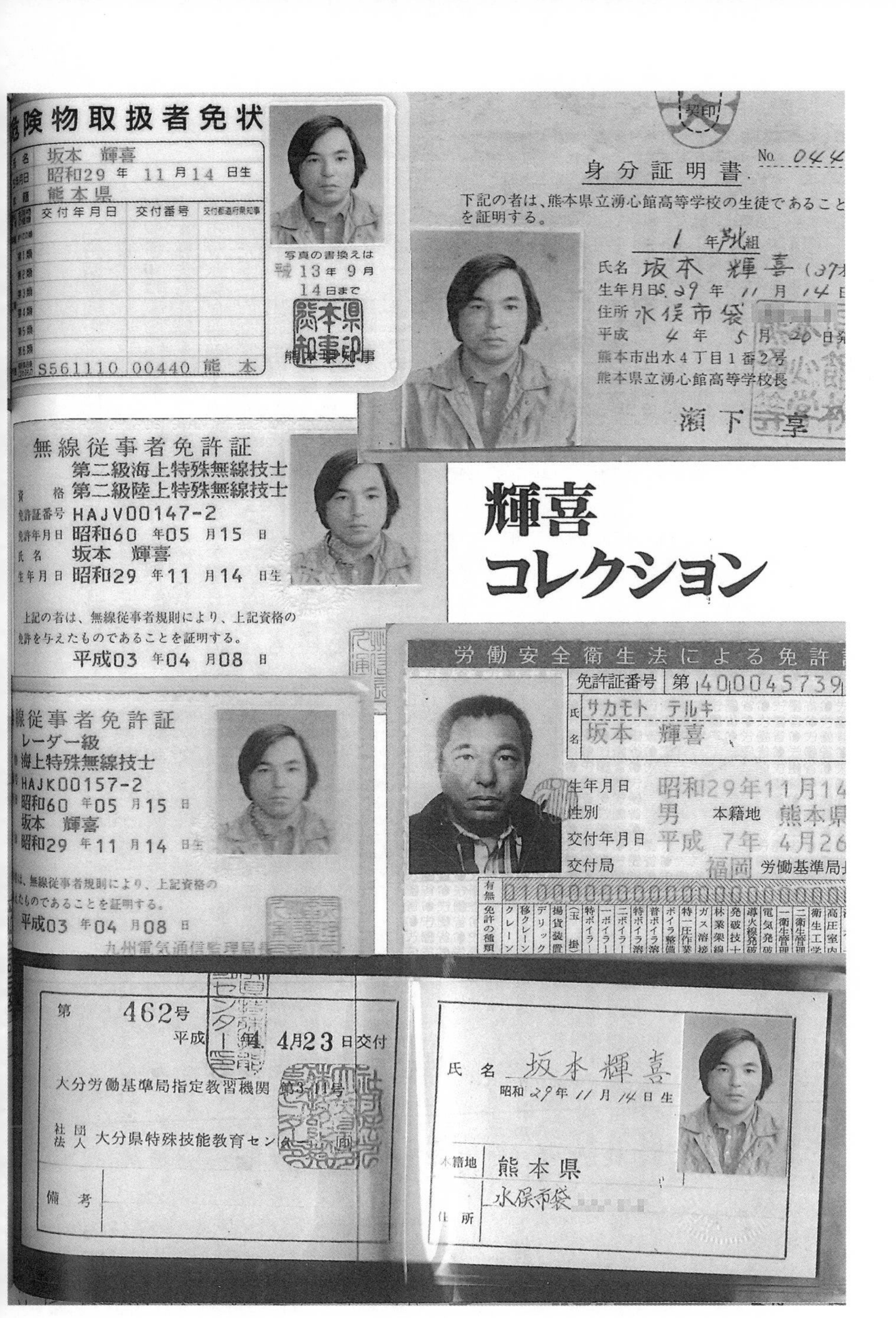

危険物取扱者免状
氏名 坂本 輝喜
生年月日 昭和29年11月14日生
本籍 熊本県
交付年月日 交付番号 交付都道府県知事
S561110 00440 熊本
写真の書換えは 平成13年9月14日まで
熊本県知事印
熊本県知事

身分証明書 No. 044
下記の者は、熊本県立湧心館高等学校の生徒であることを証明する。
1年 組
氏名 坂本 輝喜
生年月日 S.29年11月14日
住所 水俣市袋
平成 4年 5月 20日発
熊本市出水4丁目1番2号
熊本県立湧心館高等学校長
瀬下 享

輝喜コレクション

無線従事者免許証
第二級海上特殊無線技士
資格 第二級陸上特殊無線技士
免許証番号 HAJV00147-2
免許年月日 昭和60年05月15日
氏名 坂本 輝喜
生年月日 昭和29年11月14日生
上記の者は、無線従事者規則により、上記資格の免許を与えたものであることを証明する。
平成03年04月08日

無線従事者免許証
レーダー級
海上特殊無線技士
HAJK00157-2
昭和60年05月15日
坂本 輝喜
昭和29年11月14日生
上記の者は、無線従事者規則により、上記資格の免許を与えたものであることを証明する。
平成03年04月08日
九州電気通信監理局長

労働安全衛生法による免許証
免許証番号 第400045739
氏名 サカモト テルキ 坂本 輝喜
生年月日 昭和29年11月14
性別 男 本籍地 熊本県
交付年月日 平成7年4月26
交付局 福岡 労働基準局長
有無 0100000000000000000000
免許の種類 クレーン 移クレーン デリック 揚貨装置 (玉掛) 特ボイラー 一ボイラー 二ボイラー 特ボイラ溶 普ボイラ溶 ボイラ整備 特一圧作業 ガス溶接 林業架線 発破技士 導火線発破 電気発破 一衛生管理 二衛生管理 衛生工学 高圧室内

第 462号
平成4年4月23日交付
大分労働基準局指定教習機関 第3-11号
社団法人 大分県特殊技能教育センター
備考

氏名 坂本輝喜
昭和29年11月14日生
本籍地 熊本県
住所 水俣市袋

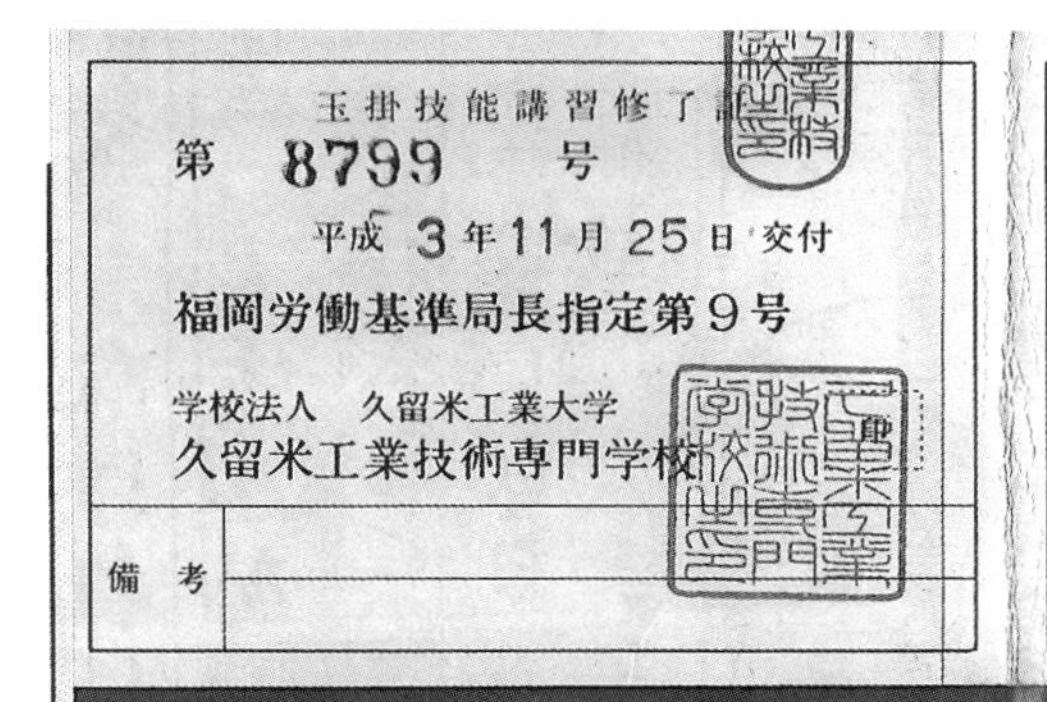

玉掛技能講習修了証

第 8799 号

平成 3 年 11 月 25 日 交付

福岡労働基準局長指定第9号

学校法人 久留米工業大学
久留米工業技術専門学校

備 考

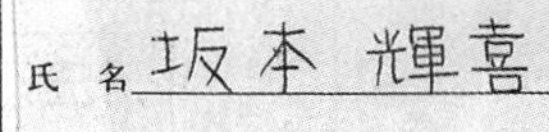

氏 名 坂本 輝喜

昭和29年11月14日生

本籍地 熊本県

現住所 熊本県

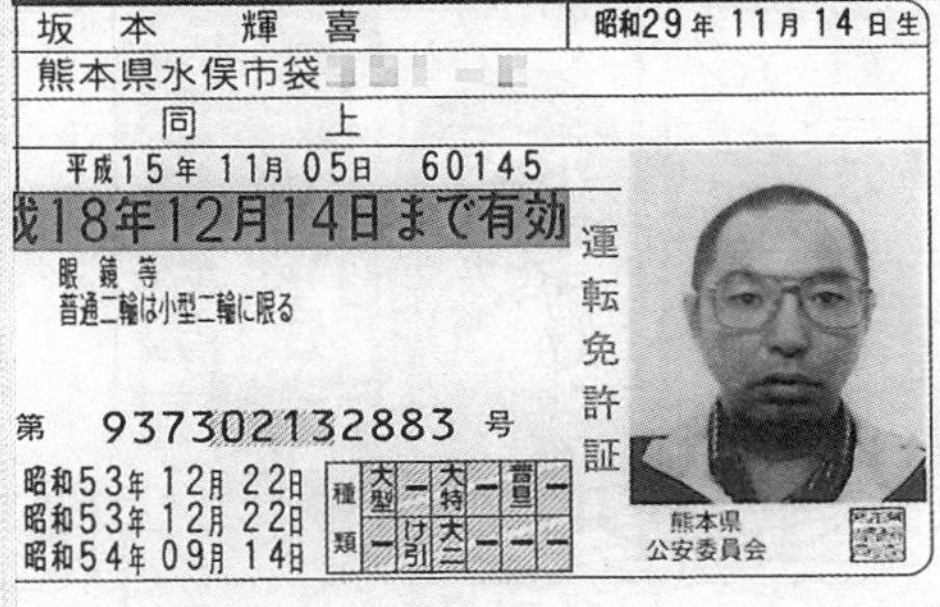

坂 本 輝 喜	昭和29年11月14日生
熊本県水俣市袋	
同 上	

平成15年11月05日 60145

成18年12月14日まで有効

眼鏡等
普通二輪は小型二輪に限る

運転免許証

第 937302132883 号

昭和53年12月22日
昭和53年12月22日
昭和54年09月14日

種	大型 一	大特 一	普自二 一
類	一	けん引	大二 一	一 一

熊本県
公安委員会

輝喜の趣味のひとつが、
身分証・免許証の取得。
体調等の面で仕事につなげる事は
厳しかったが、
様々な資格を取る、資格マニアだった。

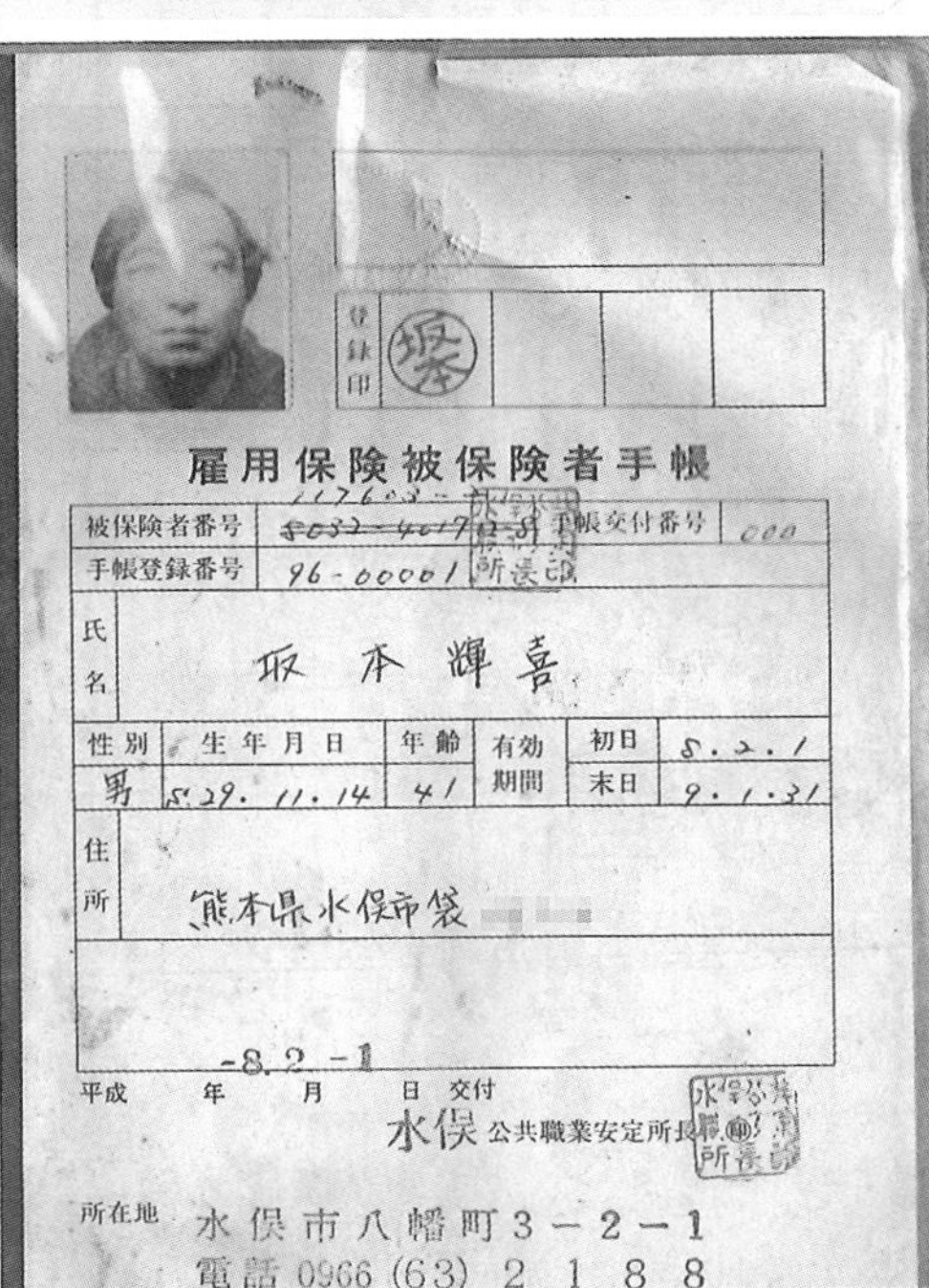

登録印

雇用保険被保険者手帳

被保険者番号	8032-4617	手帳交付番号	000
手帳登録番号	96-00001		
氏名	坂本輝喜		

性別	生年月日	年齢	有効期間	初日	8.2.1
男	S.29.11.14	41		末日	9.1.31

住所 熊本県水俣市袋

-8.2-1
平成 年 月 日 交付

水俣 公共職業安定所長

所在地 水俣市八幡町3－2－1
電話 0966(63)2188

No. 04401

身分証明書

下記の者は、熊本県立湧心館高等学校の生徒であること
を証明する。

3 年 北 組

氏名 坂本輝喜 39才
生年月日 S29 年 11 月 14 日
住所 水俣市袋
平成 6 年 4 月 1 日
熊本市出水4丁目1番2号
熊本県立湧心館高等学校長
瀬下 亨

身体障害者手帳

熊本県

第 17015

戦争がなければ、違う人生があったろうに

桑原良子（仮名）さん
昭和七年、校長だった父の女島小学校勤務時に教員住宅にて生まれる。父の退職後、水俣山間部の久木野に移住し、戦中も久木野で過ごす。姉五人、弟一人の七人兄弟の第六子。一九五〇年代に夫がチッソの社宅に入ったため、水俣へ引っ越す。湯の児病院や国民宿舎水天荘などで勤務後、八十歳まで水俣市内で服の訪問販売を続ける。

聞き手　坂本一途

開戦の記憶

父が死んだのは昭和一四年で亡くなって間もなくの頃ですからね。遠足かなんかがあってみんなが出て行くのに、私は忌引きで見とったのは覚えておりますね。小さかったけど、父が死んだ時はやっぱり悲しかったですね。父は四九ぐらいですよ。戦争が始まったというのは、そのころに先生やっとった姉たちから聞いたんだと思います。なんでも姉たちからですよ、うちは。あしたらいかん、こうしたらいかん、きちんとしとれって言うん

昭和５年頃　手前に並ぶ五女までの家族写真
真ん中が両親で、奥の女性はお手伝いさん

ですよ。洋服もね、変なのは着るなって。姉たちになんで戦争やるんだろうって言ったらですね、戦争をしたらお金儲けをする人たちがいるんだよって教えてくれましたね。学校の先生からそんな話は聞かなかったです。終わってからは色々話がありました。教科書なんかね戦争の書いてあるところは黒で墨塗りよって。姉たちが学校に行っとったから、うちには学校の教科書がいっぱいあるでしょ。私は小さいくせにあれをどうにかしないとって、心痛めるわけですよ。姉たちはふんって言っとるぐらいですよ。私は一人で墨塗ったりしました。

勤労奉仕

戦争中に兵隊に取られてるところは家族が少ないから、田植えとか稲刈りとかの加勢をして、麦刈りまでさせられたんですよ。村のお手伝いではなくて、学校であそこに行きなさいっていう感じだったですね。からいも畑の加勢で茶園があった近くの山まで歩いて行ったりなんかもありました。坑木出しも学校でさせられたです。坑木が山に置いてあって、広場に運ばせたんです。そのとき、まだ五年生でした。こどもたち全員で山に行くんです。自分が持てるだけ木を担いでいきました。日本は戦争中で大変だから、なんてことは言わないです。なんでそんなことをするのかなんてわからないですよ。炭鉱に行く坑木だっていうことだけ分かりました。拾ってるときに先生たちがね、「上の方の持って来

昭和17年頃　久木野小学校前にて桑原良子さん。お母さんが着物からもんぺを作ってくれた

んばん(ないといけない)と木もあるけど、あれは知らんかったことにしましょう」って言ってたんですよ。こっちはよかったと思うわけです。やってる時は、つらかったですよ。坑木出しなんてしたくなかったです。稲刈りとかもどこも人手が足りんところは多かったですからね。だから、こどもが実際に来るだけでも嬉しいわけですよ。稲刈りでも麦刈でも。今もう麦なんてほとんど作ってないけど、その頃は麦も作ってましたから。だから、こんな手になったんです。

小学校の四～五年生を勤労奉仕で連れて行くんだから。遊びじゃないんですよ。仕事ですよ。勉強は全然してないんです。一年生から勉強してないってですたい。けど、こんななったから偉いですよね。

うちが学校のすぐ横だったからね、空襲警報がかかって「今日は危ないけん、山に逃げよう」っちゅうて、私ら家族は学校に行かずに逃げたんですよ。あくる日、担任の先生が「山登りは面白かったかい」って冗談言うんですよ。私たちは、学校の近くに住んでて危ないけんっていうような私達だけ逃げたみたいな感じでした。そんな怖くなかったのは、山に爆弾なんて落としたって、もったいないじゃないですか。水俣を目掛けて山を低く行く時は怖かったですね。一回、すごく低く飛行機が飛んでたんですよ。近所のお父さんが自分の頭を擦って通ったんだって言って、うちの近くにおった男の子が「こまかく(小さい)せにそんな擦ったなんて言うもんだ」って笑うんですよ。だけど、アメリカが攻めてくればね、B29ってのが攻めてくればね、久木野の空はもう真っ黒になるって先生が言ってました。だけど何機か来ても久木野は暗くならんかったですね。飛行機がチッソに行ったのは分かりましたね、チッソに行った人が何人か死んだでしょう。久木野から行きよった人も死んだんじゃなかったかな。

久木野への疎開者

疎開してきた人たちには、水俣から来た同級生がいます。家族で親戚の家に来たんですよ。私が知っているのは二軒だけです。うちの母の友達がその人のお手伝いに行っていて、その家の事情を聞きました。一緒に遊びましたね。戦争がひどくなってきたころにやってきたんじゃないかな。お母さんは学校の先生をしていたって聞きましたけど、そのころは仕事はしていなかったですね。久木野ではなんもしとらんと思います。戦争が終わったら帰っていきました。

沖縄の人も疎開しに来てました。ちょうど隣の家くらいの距離のところにいたんですよ。学校の裁縫室に住んで、疎開していたんです。彼らは大豆をふやかしてね、つついて呉汁にするんですよ。学校には臼がないからうちにこんな石臼がありましたからそれを借りに来てね、呉汁を食べよったですね。久木野の前は湯の鶴にも湯の児にもおったみたいです。こないだ何十年ぶりかに会いに来たんですよ。今夜どこに泊まるのって聞いたら湯の鶴の喜久屋に泊まるって言うんですよ。懐かしかったんでしょうもん、今から湯の児に行こうって言うんですよ、今日はもう暑いから朝から行けばって言ったんですよ。みんなには美貴最中（モナカ）を買って渡したんです。久木野にはほかにも何人も沖縄の人が来てました。一人は戦争の時に二・三年生ぐらいの小さい子が亡くなりましたね。かわいそうに山んところに持ってって焼いてね、お骨にして連れて帰ったですよ。なんで亡くなったんでしょうね。学校の先生たちが付いてきて学校に泊まりよらした。全員で二、三〇人といたんじゃないでしょうか。

朝鮮の人たちは、今は水俣のハローワークのところに暮らしとったけど、見るからにトタン屋根でね。かわいそうな感じでした。どんなして焼酎を作るのか、からいもで作りよったんだと思います。それをうちに来とった青年が買いよったわけですよ。一升瓶で買いにいくんですよ。一升瓶だとわかるから、水枕に入れててね。

久木野には一人ね、朝鮮の男の人が寺床（てらとこ）におりましたね。竹をねいっぱい買って、それを朝鮮に送ったみたいですよ。何にするのか、海苔に使うのかなって思いましたけどね。駅のそばに置いてあったです。だけど大きな竹じゃなくて、真竹ぐらいの三〇センチくらいの竹ですよ。それを割ってありましたね。水俣に貨物列車で出して送ったんじゃないですか。その話は、私の友達の商売をしよったお父さんから聞いたです。結局そのお友達のお父さんは当時の二〇万くらい借金して、首吊ったんですよ。友達のうちは、うちの校庭の向かい側にあったんですよね。そのおじさんが死んだって言うと、うちの姉は怖がってお便所に行ききらんかった。朝鮮のおじさんは、私が大きくなるまで死んだって聞かんかった。朝鮮のおじさんの奥さんは、久木野の人だったですよ。帰らん（ない）でよかったよね。

久木野からの出征

兵隊に行った人は多かったですよ。みんなで駅まで行ってね、みんなで万歳万歳って送りました。何回も何回も駅には行きました。友達のお兄さんが行った時はその家族が泣くんですよ。私は兵隊に行くのに泣いてはいかんと思うじゃないですか。だから変な感じで見てたけど。その友達のお兄ちゃんも戦争で亡くなります。竹商売をしおったおじさんの息子も予科練に志願して行ったんですよ。憧れとったんでしょ。

そのお兄さんは礼状が来るのをね、待ちに待ったって言うけど、先が出らんわけですよ。実際は嫌でたまら

昭和17年頃桑原良子さんの弟さん。７歳頃の写真

んわけなんですね。お兄さんを送るときにみんなが泣いたのは、死ぬんじゃないかってさびしくなって泣くわけですよね。死んで帰るだろうと思って、みんな泣きながらお見送りしてた。けど、万歳って言って送んないといけない。あの小さい駅で本当悲しかった。他にも行く前には、兵隊別れっっていうお祝いをするんです。正式にはなんて言うんでしょう。出征祝いだろうか。うちの叔父が小倉から帰ってきて、行くときにはうちでお祝いしたのを覚えとるです。だけど、私には親戚のおじさんだから友達ほどは悲しくないわけですよ。母は悲しかったと思います。子供もおっとだけん（いるんだから）死んだらどうすると思ったでしょうよ。

久木野の食事

なんで戦争なんてしたんでしょ。婦人会で竹を切ってきて先をとがらして、こんな槍を稽古するんですから。テレビでもやるでしょ。婦人会はね母たちが参加してました。わたしは稽古なんてしてませんし、姉たちは勤めでしてません。

校庭全部にからいもとじゃがいもを植えるんですよ、ずっと畑ですよ。校庭で耕すっていうのはもう最初硬くて大変ですよ。みんなが運動会とかで踏み固めたところですからね。その時はおかしいなんて思わないですよ、生きるので一生懸命ですから。食べるものがないから作らんと仕方ない

大正10年「処女会（未婚の女性が入る青年団と同じような団体）」。結婚前の母は、最後列の真ん中。

と思って。食べ物はもう四～五年生ぐらいには、本当なかったんですから。

白いご飯がなかった。麦とかね炊いて食べるんだけどまずいんですよ。普通は押し麦にして麦ご飯を食べるんです。だけど、うちはそんなんじゃなくて押し麦にしないで丸麦ばっかりです。丸麦は、ブツブツブツブツして。小麦粉を取ったカスはふすまって言うんですけど、それも食べて。あれこそまずかったですね、まずいまずいほんとまずかった。石飛にはまだじゃがいもとか買いに行くとありましたからね、からいもとかかぼちゃとか。リュックかろうて買いに行ったことがあります。

父が生きとる頃は、学校の若い先生たちが時々訪ねてくるんですよ。子供が多いからちゅうことで飴玉みたいなのを持ってくるんですよね。どっかの学校にいた先生が訪ねてくるんでしょう。その時に飴をくれるんですよ、でね包み紙もね覚えてるの。緑と赤のね、包み紙で包んであるんですよ。グリコじゃない、グリコは丸い四角い箱に入っとるですから。ドロップスでもないですね。その後ね、チョコレートを食べたんですよ。けど、そのあとチョコレートなんて全然食べないでしょ。戦後になってチョコレート食べた時にあの時に食べたお菓子と同じ味だと思い出したわけですよ。

戦争中は、魚を売りには来なかったと思うんですけどね。なんか魚を食べとったと思うですよ。うちはね、父が校長でよく移るから、津奈木の平国にも一時おったでしょ。平国は三

昭和17年頃　右が弟さん、
左が12歳頃の５番目のお姉さん

番目の姉と四番目の姉が生まれたんですから、何年かおったんですよね。女島の時に五番目の姉と私が生まれたんです。女島に四、五年おったわけですよね。海のことはよく知ってましたし、帰ってきてからも姉たちは女島のお手伝いさんの家によく遊びに行きよったですね。帰ってくる時にはビナとかウニとかもらっとったですから。お金はあげてないと思いますよ。ウニは子供だったから、こんなトゲトゲしたのは嫌だと思いましたね。今は食べるけどその時は食べなかったですね。久木野でも何かある時はお刺身が出ましたね。子供の時にはね、私はお刺身食べなかったですよ、絶対。三〇過ぎるまで食べなかった。

戦争が終わってからはね、こんな大きいザルに砂糖がいっぱい送ってくる配給があったわけですよ。抱えきらんぐらいもらうんですよ。一人では一五キロ、一五キロが一斗ですよね。一斗じょけって言うのに砂糖がいっぱい入ってたんですよ。けど、なんか綺麗な砂糖じゃないなと思いましたね。黄色っぽいザラメみたいな。今はあんなのは食べろって言われても食べたくない、汚いもん。時々魚の配給があるから取りに来いって言うのもありました。こんな大きいブリがあるんですよ。私はまだ小さいからマグロくらいに見えました。それのお腹を切るとね、虫が入っとるんですよ。だから、ブリは嫌だったですね。一家族に一匹、戦争が終わってすぐの時に配給があったんですよ。どこの家ももらえたんです、姉も覚えとります。戦争前も魚は食べとりましたよ。そんなにひどくならんうちに。コチとかクツゾコとかガラカブとか。コノシロはダメでしたね、骨が多くてね。

汽車に乗ってザルを担いできたのは、戦争が終わった後ですね。いっぱい乗ってきたですもん。けど、その前も水俣から売りに来たと思いますよ。イワシがあったのは、もう終戦になってからのことでしょう。たくさんあるちゅうことは配給だったちゅうことでしょうね。残したら冷蔵庫はないから、薄くて平べったい楕円形の桶に塩入れてね、イワシを入れて。姉に聞いたらそれにぬかも入れたって言ってました。よく焼いて食べましたね。塩はですね、久木野の山を越えて芦北の湯浦を越えてね、二山ばかり越えて、そして女島やら芦北に買いに歩いて行くんですよ。からって（背負って）くるわけです。濡れてるから重たいわけです。だから、その頃は塩だきするから材木なんかは焚き物として売れよったわけですよ。かまどの前に袋ごと、でんって置いてあったのを覚えてるもん。袋の大きさはもう五〇センチより大きくて、一〇キロ以上あったんじゃないかなと思いますよ。

終戦時の話

戦争が終わった時にはね、校長先生がね、みんなを校庭に出して戦争は負けたって校長先生が泣くんですよ。何も泣くことはなかろうって思うんですけど、良かったのにって思った。泣くことないよ、校長先生が。ほかには誰も泣いてない。みんなほっとしたんじゃない、戦争が終わってね。玉音放送はラジオでは聞かなかったけど、後で何かドラマで聞きましたね。だってその頃まだラジオなんてどこにもなかったですからね。

そして、戦争が終わってからお裁縫の時間があったんですよ。そのときに、アメリカ兵がコツコツコツコツって革靴履いて学校

大正15年　久木野小の卒業生たち。下から二段目中央の男性が校長だったお父さん

にやってきて、怖くて怖くてみんな黙っとるわけですよね。子どもに対して何もすることなんてないですよね。けど来たっていうことでもう怖い。学校の裏の裏を通ってくるんです。よく道を知ってるなと思ったんですよ。何したかはわかりません。二人くらい来てたけど、顔は同じに見えました。軍服を来てね。戦争してる時にアメリカ兵が来たら殺されるなんて言われたりはなかったですね。けど、戦争が終わってから女子は連れ去られるなんてデマはありましたね。

戦争がなければもっと違う人生があったろうに。みんなそう思ってますよね。きれいな靴やブラウスが着たかったのにもんぺでした。プーチンさんは何を考えてるんでしょう。戦争なんて絶対起こさないでくださいね。

（聞き取り日：二〇二三年五月九日、五月三一日、六月七日）

私みたいな子がいたことを、覚えていて下さい

松山つたえ（仮名）さん

編集：永野三智

新潟で生まれて

父は水俣の生まれですけど、私は新潟生まれです。新潟県糸魚川市青海というところに父の会社があって、チッソとも関係の深い会社だったそうです。相思社で調べてもらって、どんなに大きな会社で、どんなに良い会社だったかわかったの。（※一）そこは群馬県との県境で、とっても寒いところだったみたい。雪が降るときは家の二階から出入りしたって。七歳上の姉はスキーを買ってもらったって言ってた。水俣とは全然暮らしが違うのね。

私が生まれたときは、父の会社の社宅に、父と、母と、姉四人と兄と私と、八人でいたの。社宅は四棟あって、二階建てで畑がついてたって。その一番前に我が家はあったそうなの。

当時、兄を中心に写した、兄の節句の写真があってね。兄に着物着せて、日の丸の白いフリルがついたエプロン姿の。女の子はみんな、着物着せて。のぼりが立っててね。だから良い生活してたんだなって思うの。でも私の小さいときは、いちばんお金がなくて大変なときだったから、写真は一枚もありません。

すぐ近くには引き込み線があっ

青海の社宅（撮影　小谷一明）

て、会社への物資を運んでいたんでしょうね。社宅にはお風呂がなかったから、みんな銭湯に行ってたの。お風呂に入るとき、銭湯の番台のところで千人針(※二)を一針縫わないといけなかったんですって。姉が、「千人針を縫ってからお風呂に入った」って言ってた。戦争中よね。当時は会社が経営する保育園もあったそうですよ。

それからね、近所には中華料理屋さんがあって、鍋を持って中華料理を買いに行って、お家で料理をあたためて食べていたって。面白いよね。

捕虜と母の交流

社宅の裏の一段高いところに捕虜の施設(※三)があって、そこにアメリカの捕虜がいて、その横の方には厨房があったみたいなのね。赤ちゃんの私は泣きべそで、姉が私をおんぶしておもてでお守りをしていると、上から落下傘を作ってチョコレートと乾パンを「へぃベイビー」と投げてくれたそうです。「へぃベイビー」ってもらっているけど、私はベイビーだから食べてないんだけどね。食べた姉は、「乾パンは真っ黒けだったけど、すごく香りがよくて、美味しかった」って言ってた。

周りの人たちは、(捕虜がくれるものには)毒が入ってるとか言って、怖がってたみたい。でも母に言わせると「あの人たちにも親も子もいる、お嫁さんもいるかもしれない。だからそんなことはない」って。だからそれから親しくなって、捕虜の人たちが我が家に「ママー」って母を頼って来ていたって。「水飲ませて」とかね。母は夏には野菜を川で冷やして、捕虜の人たちにあげたりしていたそうよ。そういうときには通訳の日本人がふたりついていたって聞きました。

この捕虜の人たちは国に帰るときに、毛布を四枚と、寒いところで着る足首まであるコート、それにブーツ、チョーカーみたいなのを置いていったんだって。

あとで水俣病で亡くなった姉はそのとき十六歳で、どこかに事務の仕事に行ってたみたいです。空襲があった日に帰ってこなくて、母が「あの子は帰って来ないね、もしかして爆撃で亡くなったかね」って言ってるときに真っ黒けで帰って来たそうです。母が姉に「なして（どうして）？」って聞いたら、「（空襲の中）溝を這って帰って来た」って。水俣に帰ってきて後年、母はよく「あの子は新潟で命をもらったのに（水俣病になって亡くなった）」って言っていました。優しい顔の、きれいな姉だった。色白で、目が大きくて鼻筋が通って。生まれた時も小さかったって。「なんでこの姉だけ、きれいなの」って思ったこともありましたけどね。「優しい子で」って母が言ってました。

青海の海岸（撮影　須藤千穂）

新潟から水俣へ

その後、父の実家の水俣から、「長男だから、跡取りに帰って来い」と連絡があったのね。昔だから、そう言われたら帰るよねぇ。そのとき私は生後七ヶ月だったみたい。

昭和二十（一九四五）年の戦争中の大変なときに、どうやって帰って来たんだろうって思うよね。立派なタンスも大きな机も、ちゃんと持って帰ってきています。

昔は「チッキ」と言って、国鉄がお客さんから荷物を預かって鉄道の貨車、コンテナみたいなものに入れて輸送するサービスがあってね。駅留めで、引換券で交換するんだけど、駅まで取りに行かなきゃならない。私が遠くに働きに出たときにも、母がそうしていろんなものを送ってくれたから、そういうものを利用したんだろうなって思います。

水俣に帰って二年後に妹が生まれたのね。父は跡取りとして帰って来たのに、きょうだいが多くて畑も少ししかもらえなかった。私たち家族八人は、住む家がなくて、軒下みたいなところに住んだの。

母は、父のきょうだいが多くて大変だったみたい。姉に「お母さんの泣くところ、見たことなかったよね」って言ったら、「あんたは知らないけどね、藁があるところで泣いてたんだよ」って言ってました。

新潟では父が大きな会社に勤めて、何不自由なく育っていた姉たちもつらかったと思うよ。

よその家にはラジオもないときでしたが、我が家には新潟から持って来た、蓄音機(※四)やらラジオやらあったのね。(ラジオから流れる)相撲と浪曲を近所の人たちが聴きに来てたのね。近所の方たちは、タダで聴かせてもらうのは嫌なんでしょう、囲炉裏なんかで燃やす焚き物を持っていらした。そういう時代よね。あなた方は、若いからわからないでしょうけどね。でもだんだんと蓄えもなくなって、父母の着物とかこどもの着物もみんな質屋にいれたって姉が言ってました。

私が三歳の頃に、姉たちは地元の網元のところで働くようになって、そこの網元の勧めで我が家は家を建てて、その借金を返すために、姉たちは福岡や大阪に仕事に出たのね。

その頃かな、憲兵が来たことを覚えてる。憲兵が、闇酒を作って

茂道漁村

いないか、見に来るのね。母がどぶろくを作ってカメに入れて、床下に隠してたのね。うちの父はお酒は全然飲まないんだけど、母はやっぱり漁師の娘に生まれて、お酒は強かった。

今の三号線は、昔は砂利道だった。近くの田んぼには、四月、水を張る前にレンゲの花がいっぱい咲くのね。その中に白いレンゲがあるの。その白いレンゲ取りに遊びに行くの。そしたらヘリコプターが飛んでくるの。私なんかヘリコプターの存在を知らないから、てっきりB二十九が来たとか騒動するわけ。そうすると、ヘリコプターがビラを撒いてくのね。そのビラ拾った覚えがあるの。私がまだ外に遊びに行けてるときよね。だからその頃はまだ、姉の水俣病がひどくなかったんだろうなと思う。

隣の家にまだ独身のおじさんがいて、私と、二つ違いの妹は、おじさんについてよく海に行ってたの。妹は私から離れないのね。

夕ご飯の足しにしないといけないから、妹を連れて水俣湾がある月浦にビナとか牡蠣をとりに行って。日常の食料の一つだったから。潮が引かないときは大変ね。潮があまり引かないときを「中潮」って言うんだけど、夏の中潮のときは、海に潜って。ゴーグルなんてないから、上がってきたときは目は真っ赤か。でも痛いとかそんなの全然感じないのね。ようあんなことしたなぁって今でこそ思うけど。でもお金はないし、何だってとって食べなきゃいけないものだから。

茹で上がったヤドカリは赤くなるのね。海老の殻がちょっと柔らかくなったみたいな硬さでね。亡くなった姉は「カリカリカリカリ」音をさせて、それを好んで食べてたのね。今思うと、砂が入ったのも食べたから、あれが一番水銀がひどかったのかなって思ったりします。

とってきたビナも夕食の足しにしました。私ね、お刺し身が食べられない。でも牡蠣やビナ、タコは大好きなの。ビナはね、こうして身を針で刺してくるっと回して抜いて、ボウルにためるでしょ。それをあくる日にニラと油炒めして、お味噌で味付けしておかずにしてた。美味しいのよ。水銀ヘドロは海底に溜まるし、ビナは海の底を這ってて、それを私たちはお尻のところまで食べるわけだから、やっぱりね…。

季節の行事と家の仕事

毎年、七夕には父に、「朝早く起きて、里芋の葉っぱにコロコロしてる朝露をあつめて、それで墨をすっておけ」って言われました。ほんと、転がしたら葉っぱの上でコロンコロンするんですよね。竹は二〜三日前に準備してありました。帰ったら縁側に竹の葉の方を乗せて、みんなで願い事を書いてしてましたね。なんで里芋の露がいいのか、意味を聞いておけば良かったと思うんですけど。

会社って日報を書かなきゃいけないじゃない。姉に聞いた話なんだけど、「お父さんが新潟の会社にいた頃、上司の方が墨字が書けなくて、お父さんはね、アルバイトしとったんだよ」って言うから、なんのアルバイトね？って聞いたら、墨で日報書きだったみたいです。

こどもの頃は家で豚を飼ってて、感染症が流行ったときは、入り口に「感染」って紙が貼ってたんですよ。こども心に、「お父さんは字がうまいなぁ」って思ってました。願い事はいっぱいあったけど、やっぱり「病気にかからないように健康でおられますように」しか書けなかったよね。水俣病になった姉も書きましたよ、ミミズ字ですけど。何書いてるか、わかんないです。

私も父と同じで習字が好きで、毎年書き初め大会で、習字紙が二枚一円の習字紙を買ってきて、夜に裸電球を机のところまで下げて、書いてました。朝から父に一番良い字を選んでもらって、会場のある第二小学校まで行きました。うちにお金はなかったけど、先生が「手続きはしてあるから」と言って送り出してくれて。

昔は、節分には学校で豆撒きに大豆を撒いてたの。三年か四年生だったと思うんだけども、三個だけ机の下に落ちてるの。あれがほしくてほしくてたまらなかった。拾わなかったけど、「あぁなんでみんなあんなにものを大事にしないのかな」って思った。それで妹と帰ってから、棚に置いてある大豆をいびって食べたのね。「いびる」って、煎るって言う意味なんだけど。そしたら母が帰って来て、「あんたたち大豆を食べたね」「大豆の種がなくなったよ」って怒られた。なんでわかるのかなと思ったら、匂いがするのね。怒られた覚えがある。ふふふ。

学校の休みの日に雨が降ると、父母も仕事がないから家にいます。そういう日は、私は妹と二人、窓にまたがってガラス磨きです。母が言うには、雨の日はガラスが湿って汚れがよく取れるって。掃除していたら、すぐ歌が出てくるんです。私は、よく天草通いの客船が流行歌を鳴らしていくのを聞いて、覚えてた。とにかく歌謡曲が好きだったの。いっぱい知ってましたよ。

「十九の浮草」、松山恵子ですね。それに春日八郎の「お富さん」「別れの一本杉」、美空ひばりの「銀座カンカン娘」、三橋美智也の「おさらば東京」とか「あの娘が泣いてる波止場」とかね。もう何十年も前の話し。家で父母はあんまり歌わなかった。私が歌えば、ここはそうじゃないこうだよって教えてくれてた。母が民謡がうまかったもんですから。そこはこうして歌わんばって教えよったです。だからお家にいるときはね、全然つらいとかなんとかなかった。囲炉裏の周りに座ってて、私が歌をうたったりすると、父と母と病気の姉は笑ってた。

父の歌は一回だけ、正月に「相撲取り節」を聞きました。声は小さかったけど、上手だった。大きな声を出す人ではなかった。

父は長男ですが、父の実家はきょうだいが多くて、分けられた畑は少しでした。半農半漁で農業は自分たちが食べるだけ。もらった畑は舟で行かなきゃいけないところもあってね。しかも山手でね。父が舟を手漕ぎして行ってた。カマスっていうね、藁で編んだ、ゴザを二つに折って袋にしたような入れ物があるのね。それに、カライモ(※五)を入れて背負って、舟まで持って行かなきゃいけない。母はカマスに隠れて、どこにいるかわかんなくなるくらい体が小さいから、大変だったろうなと思います。

畑には、大きな石が埋まってるのね。クワ仕事をすると、クワに石が当たる。父はその大きな石の目安に、ぐるり(周り)に、小さい石を置いておく。それを父と私とふたりで掘り起こすの。大きな石の周りを掘って、テコの原理で、木を大きな石に噛ませて、肩に載せて支えておくのが私の仕事でした。

母は「人の物に手をつけちゃいけないから、カライモでも腹いっぱい食べさせなきゃ」っていうのが口癖だった。カライモだけは食べてました。カライモを一度に沢山蒸して食べるにはどうするかも覚えました。かまどがあるじゃないですか、カライモを山盛りに積むと蓋がかぶせられない。そういうとき、金属のボウルを上からかぶせる。すると一つでも沢山炊けるの。

学校から帰るとね、鴨居にかごが下がってたの。そこからカライモを取って食べる。だからカライモは欠かせなかった。それからね、学校の帰り道にカライモを食べようと思って、登校中に隠していくの。だけどね、帰りにはカライモがなくなってるの。きっと動物がとって食べたんだと思うのね。ふふふ。

父母が山で下草払いをしたり、松の根を掘りに行くときには、山のお土産がとっても楽しみでした。「おやつ」ってないから、山の恵みをもって帰ってきてくれるんですよ。野いちご、ヤマモモ、桑の実、栗、アケビ、しいの実。楽しみでしたね。

お正月準備

正月を越すのに必要な現金収入を得るために、母と一緒に牡蠣をとりに海に行くんです。夜の潮時にはいっぱい引いてよくとれるって、みなさんがそう言ってたんですよ。夜は暗いから、みなさんはカンテラって、ランタンみたいなものを持っていかれる。私たちはカンテラを買うようなお金がないから松の根でした。松の根って油になるんですね。松の根を燃やして、それを明かりにして牡蠣をとっていました。私は牡蠣とり名人だってみなさんに言われて。牡蠣をとるときには身を潰さないように、気をつけました。殻を牡蠣につけないようにとらならないと売れないのね。カキ打ちの道具って、木の持ち手があって、先がツルハシみたいに尖ってるじゃない。この鉄の尖ってるところでコンコンッて打って、ツルハシの反対側の鉄の丸い方は、岩についた牡蠣をコンコンと叩くと落ちるの。カキ打ちは両方の先端が使えるのね。ビナ(※六)とか貝とかとるときにも使う。

適当に打ったら、身に貝の殻がついてダメになってしまうの。貝柱のところを目がけて打ったら、きれいに取れる。貝の中にカキ打ちを入れて引っ掛けたら取れる。貝柱の下の方をカキ打ちの道具の先端でゴリしたら、ポロッと牡蠣が取れるのよね。それが早くてきれいにとれないと、売り物にならないのね。小さな牡蠣を打ち溜めて、塩水できれいにあらって塩水に浸けとくのね。カキ打ちは、母も上手だった。朝になったら牡蠣を山手にお正月用に売りに行くの。ずいぶん遠いでしょ。三〜四キロぐらいあるのを歩いて行きました。帰りはいつも町中の温泉に入って、正月下駄を買ってもらった。それにバスに乗って帰れました。それが楽しみでした。

正月は母の手打ちのそばがものすごい美味しかったの。お肉の出汁だったの。いつも買えない、食べれないお肉。切り出し肉よ。お肉なんて、存在が初めてよ。それで覚えてる。母の手打ちそばを真似しようと思うけど、あんな美味しいのは作れない。

ボラ釣りも盛んだったのね。釣りも父母一緒に行くんですよ。ボラの釣り場は、くじで決まるの。良い場所にあたると釣れるのよね。大きな竹籠があるのね。夕方になると、釣ってきたのを甲板の舟底から上げてそこへ入れとくのよ。あくる朝市場に持っていかなきゃいけない。こどもだから獲れた魚を数えるの。そしたら母が、「大きな声で言っちゃだめ」って。周りに気を遣うんでしょうね。小さい魚はお家で食べるの。ボラは柔らかくて美味しくないの。味噌汁にして食べたら美味しいけどね。母が両方に天秤で担いで水俣市内の丸島市場まで持っていきました。他の部落の方たちもあっちこっちから行かれてました。父母は、生活費や姉の治療費のために、夏はボラ釣りの他、日雇いに行っていました。

海と生き物の異変

だんだんと水俣病も目について、わかるようになってきたと思うの。いつ頃だったか忘れましたけど、袋湾の入口の狭いところに魚がいっぱい打ち上がってるって言われて。妹と慌てて拾いに行ったことがあるんです。そのときの私の印象が「わっ臭い」って思ったのが黒貝ね。ムール貝を小さくしたような黒い貝。それが隙間なく、いっぱい岩に付いてたんですけど、みんな口が開いて、すごい悪臭だったんですね。今思えば、あれが水銀だったのかと思うんです。死んで腐ってたんでしょうね。「魚もいらない」って、帰って来ました。怖かった。もし拾って帰っていったら、水俣病なんてわからないから食べてました。

この頃からねカラスが舞って、あっちこっちに激突して死んでました。猫もよだれをたらして、目をカーッと見開いて腹の底から出すように「ゴー」って声を出してね。クルクル回るんですよ、猫も。クルクル回ってドーン、クルクル回ってドーンと壁や石に激突して、最後には死んでしまう。うちも四匹死にました。うちは、私の猫、妹の猫って、いたのね。母がちゃんちゃんこを作ってくれて、それを着て猫をおんぶしてた。猫も、自分が誰の猫か知ってるのね。自分が寝るところは決まっていて、私の猫は、私の寝床に来て寝てた。母は「そんなことしなさんな（やめなさい）」って言うけどね。

わかめを捕る夫、岩場には妻と孫

猫が死んだのは、うちだけじゃなかった、集落の猫は、ほとんど死にましたもんね。あっちこっちよく目にする光景でした。一番ひどいときじゃないのかな。だからお魚かなやっぱり。

姉の発症

病気の姉はまだ発症の前、昭和二十九（一九五四）年頃、二十三歳のときに、結婚発表をしました。青年団の旅行で鹿児島県の阿久根大島へ行ったときに発表して、相手は近所の男性でした。私が三年生頃の話です。その翌年から、姉の体は悪くなっていったの。父母に仕事がないときは、父母と、姉と私で山に行って、燃料の薪を取ってくるんだけど、姉が何度か転んだのね。「転んだから、もう（手伝わなくて）いいが」って言ったら泣きだすの。だから「小さいのにしようね」って私と同じ小さい薪をおんぶしたら機嫌が直ってたんじゃないかと思うけど、水俣病ってわからないですよね。そのときは「なんで（具合が悪いの）かな」っていうぐらいしかわからなくて。

家の中はお金がないから畳が敷けない。姉はとっても掃除が好きで、雑巾で毎日磨くから板間も床柱も、いつも黒光りしてね。でも、だんだん具合が悪くなって、雑巾が絞れなくなってきて、ポタポタポタポタポタ水を落としながら歩いて周るの。その頃から症状が出てたのですね。姉に炊事させるのも危なくなってきて、父母が遠いところに仕事に行くときには、私が朝早く、四時半か五時くらいに起きるようになりました。

囲炉裏に火をつけて、自在鉤（じざいかぎ）にヤカンを吊るしてお湯を沸かしながら、かまどでご飯を炊いて、ご飯ができたら母を起こすのね。私も、起きなきゃいけないと思ってるんでしょうね。辛いとも思わないし、当たり前だと思ってたの。いつも一生懸命、朝から夕方まで、あの小っちゃい体で父の後を追いながらついてまわるのを見たらね、もう辛いとも言えなかった。ご飯が食べられるだけいいさ。お米はね、病気の姉だけには食べさせました。だけどお米は安くないからね、カライモが沢山入ってる。私、かまどでご飯炊き上手よ。

姉の介護

昔はね、ボラの餌は、糠や蚕のさなぎで作ってたのね。父がボラを釣るのに、姉がさなぎを選り分けて用意してたんだけど、だんだんできなくなっていってね。母は姉の栄養になると思ったのか、ヤギを飼っているところに牛乳瓶を持って、乳を買って飲ませてた。そのときは二十円だったかな。

お医者さんが来てくださるんだけど。姉が寝込んでから褥瘡、床ずれができたのね。最初は仙骨にできて、母は「褥瘡が広がらないように」ってどこからか聞いてきて、円座を買ってきたの。傷が圧迫されないように体の下に円座を置くのね。そしたら今度は円座を当てた部分が崩れてくる。傷を避けて横に寝せると今度は腸骨に褥瘡ができる。右にできたから左に寝せると、今度は左にできる。だから、どうもできないかったの。そんな考えるとかわいそかったね。生ゴミの匂いがしよった。臭かったですよ、白い骨が見えてね。それで往診してもらったんですけど、体もどんどんおかしくなるし、治るわけじゃないじゃない。もうどうしようもないの。ただ上半身にまでは褥瘡はできませんでしたね。下半身だけでした。寝たきりになってから治療するときには、痛がって、私なんか何もできなくて抑えてるしかないもん。

母は仕事から帰ってくると、地下足袋を脱げばいいのに履いたまま、急いで姉のところに這っていって治療していました。姉は普段は声がでなかったですけど、治療するときだけは「あいた、あいた」って、痛みを訴えて。下を通るおばさんたちに「姉ちゃんばいじめとる」って言われてね。

あるとき、姉の頭にシラミ(※七)がいました。母が「シラミ(がわいてきたから、髪を切ろうか」って言うたら、「いや」って言うたみたい。やっぱ女ですね。「じゃあちょっと切ろうか」って言ったら、「うん」とうなづいたので前髪と横髪だけ残して、後ろはみんな剃り上げてありました。正面から鏡を見せたら、前髪しか見えないから、「これでいいね」って言ったら、「うん」って言っていた。日常、痙攣発作があるもんだから、箸に綿を巻いて枕元に置いてあったの。そばにおった人がすぐ箸を口に入れなきゃ。でも痙攣発作が起きたら、箸を口に挟む余裕はない。両手足を握りしめて、白目を向いて、もうひっつりこっぱり(ケイレンの為に全身硬直)してしまって。日常的に、歯ぎしりしてたからね、歯は擦り切れて、なかった。だから結局、痙攣の予防の箸も役に立たなかったのね。

桜の花びらと映画館

家の前は道で、目の前には大きな桜の木があったの。春になると桜の花びらが縁側にも落ちてきよって、姉はそれがすっごく好きで。拾おうとするけど、指がかなわなくて、思いどおりにならずに掴めない。花びらが一枚として掴めなくて、「きれいね、きれいね」って言うだけ。でも外に出られない姉にとっては、これは楽しみの一つだったのよね。

昔は水俣にも映画館があったのね。三号線に「太陽館」。今の六ッ角の奥の方に「コトブキ」ってあったのね。母は姉になにか楽しいことをさせたいって思ったんだと思うの。母から「姉ちゃんと映画を観にいきなさい」って言われて。姉はバスに乗るにも足が上がらず、後ろから押して乗りました。

映画館の二階には畳が敷いてあって、姉とふたりでそこで観ました。映画が始まった途端、姉は画面を見て泣いてばっかり。もう私、恥ずかしくて恥ずかしくて、みなさんいらっしゃるし。人がいないところに連れて行ったんです。普通の映画だけど、今思うと姉は感情のコントロールが全然できなかったのかな。「なんで泣くのかなぁ、姉ちゃんは」って思っても、姉ですから怒れないし。

カライモを掴んで学校へ

私が姉の面倒を見なければならないのは母に言われないでもよくわかってた。父母が仕事に出たあと、姉は一人で家にいて、ご飯も食べなかったり、転んだりしよったもんですから。これが心配で、学校の昼休みに一旦、学校から家まで帰って、姉にご飯を食べさせてました。

学校から正規の道で帰ってくれば、一キロ半。山道を入ったら一キロぐらい。山道の方が早いのね。それで姉にご飯食べさせて、私はカライモを握って。帰りは下りだから早いのね。なんでそんなに急いで帰るのかって言ったら、学校に遅刻していったらまた同級生から何か言われるって怖かったの。一

目散でカライモを食べながら、学校に走っていると
き、近所のおばさんから「あんた毎日何しに帰る
のね」って言われて、「姉ちゃんにご飯食べさせに」
と言ったのを覚えてます。

勉強はね、教科書を持ってないのよ。今は個人に
配られるでしょ。昔は、買わなきゃいけなかった。
上級生の教科書をもらえるといいんですけど。お金
のある人ももらったら得よね。そういう人たちが先
にもらってしまったら、私はもらえない。勉強は好
きだったけど、本がなかったの。教科書も弁当も
なかったけど、辛いと思わないから。今考えると姉
から少しでも離れたかったのかなって思うときもあ
る。終始一緒にいるよりも、学校にいる間は離れて
るじゃないですか。

その頃、四年生頃やったかな、父母は働きにでな
いといけないので、学校から一生懸命走って帰っ
て、姉の面倒見るんですけれども。タンスの引き出
しを兄弟に一人ずつ決めてくれてあったの。新潟
から持ってきた、立派なタンスね。それぞれの引き
出しの中に樟脳（※八）を入れてあったんですよ。白
い袋に入っているから飴と間違ったんでしょう、姉
が樟脳を食べたんです。これを食べると下痢をする
んです。そしてもう、拭いても拭いても取れないの
ね。姉もじっとしてればいいのに動き回るでしょ。
泣きたくなってきました。

あるときは母がヤクルトみたいな瓶に髪につける
ための椿油を入れてたのね。姉がそれをヤクルトと
間違えて飲んだみたいで、今度は吐くのね。そした
ら油が混じってるから、どうやって取っても取れな
いの。指の間からツルツル、タラタラこぼれてね。
このときも泣きたくなった。このとき、私が姉ちゃ
んを叱ったの。それからかな。姉ちゃんはそれを覚
えてて、私を嫌うようになったの。やっぱり「私は
姉だ」っていう気があったんでしょうね。

出稼ぎに行った私のすぐ上の姉が、水俣にしょっちゅう帰ってきてくれて、その間だけは、病気の姉から離れて息抜きができました。その姉が浴衣を着て、草履を履いた自分の写真を持ってきたんです。病気の姉は、「Aちゃんきれいねぇ、きれいねぇ」って言って。言葉はあまり出ないけど、そういうのは出てました。母が「良くなったら、着物着て、草履履こうね」って言ったらニコッて笑ってました。私が「姉ちゃん良かったねぇ」って言ったら、「ふん」てしよった。私は嫌われものでした。 妹には自分がもらった物をあげるけど、私だけには絶対出さない。私が一人で姉のお守りしてたから、姉は私には怒ってたんでしょうね。

出稼ぎに行った別の姉は、私が中学二年生のときに『中学生の友』っていう月刊誌を送ってくれました。それを読んだら、教科書がそのまま載ってるのよね。私そこを見て学校に行ってるから、わかるじゃないですか。だから先生が質問されたときに、私一人だけ手を挙げたの。いつも挙げないのに、少し恥ずかしかった。その姉は、盆と正月に妹と私に必ず洋服送ってくれてました。

噴霧器での消毒

あるとき、市の職員なのか、保健師なのか知らないけど、噴霧器を背負った方がきて、いきなり、何も言わないで家の周りに白い粉・DDT(※九)を家の周りだったらまだいいんですけれど、今度は縁側から家の中にも撒き始めて、父母と妹と姉と、隅っこに行きました。私は、理由もわからないで、死ぬかと思いましたよ。姉は震えてましたよ。人間として扱われてなかったのかなって思います。

学校や商店でのいじめ

噴霧器でDDTを撒かれてから、いじめは日常茶飯事でしたよね。うつらないのにね、今覚えば。だけどその人たちの気持ちもわからないでもないの。うつるっていったら怖いもんね。「あんたげん姉ちゃんは水俣病ばい、うつるとばい」っちよく言われました。そこからは村八分ですよね。学校の行き帰り、妹を連れて、人がいないときを見計らって、山道が早いからそこを行くんです。

するとどこからともなく石が飛んでくるの。あるとき、私の頭に当たって血が出たのね。石を投げたのは、とても裕福なところのこどもだった。兄がその子のところに私を連れて行って治療させたのを覚えてます。妹は、学校から一人で家に帰るのが怖いから、私が帰るのを待って、一緒に家に帰りました。

クラスの子の家族に姉と同じ症状の子はいなかった。だから少数派になっちゃって集中的にいじめられました。他にいればね、お互い救いになったかもしれないんだけど。一人ね、すっごく良い友だちがいたの。弟さんが生まれつきの障害を持っていて、昔は周りに言われるじゃないですか。だからそれで嫌な思いしたことがあって、私たち気持ちがよくわかるから。お友だちは、唯一その子だけでした。だけど遠いから、学校でだけでしか会えない。その子とは今もね、行き来して手紙をやりとりするんだけど。

あるときクラスで五円がなくなったの。私は盗ってないのに、なんでか私が盗ったってなってたのね。それを誰が母に言ったのか、母は知ってたのね。そしたら仏さんの前でこう、人差し指（の第一関節と第二関節を）曲げさせられて。これわかる？わかんないのね、若い人たち。盗人のことなの。昔の人たちは、これを盗人って言ってましたよね。仏様の前に座らされて、第二関節を曲げたところに、お灸をされたの。母は私が物を盗ったって思って、そのときは泣いてましたね。家族のためにね、満足しなくても、人様の物に手をつけないようにって思って、カライモでもと思って一生懸命作る父母を、私は見てきてるから。母は小さい体で、父の後追っかけて。

最近ね、たまたま同窓会のときに、「ほんとはあれは嘘だったんだ」って言われたけど。嘘を広めたのは、一人じゃなくて、二人だったみたいで、その子の名前を言ってくれましたけどね。なんの感情もなかったです。「ああそうだったんだ」って言っただけでした。今はちゃんと接してくれますよ。私ももう戻るもんじゃないし、その子がそうだったたって言ってくれただけでもいいかなぁって思ったりして、普通にしてますけど。


日常の買い物も私の役目だったの。でも、ＤＤＴを撒かれてからは、買い物に行くと、うちわに棒を継ぎ足したものが出てきて「顔を横に向けなさい」「これにお金をのせなさい」って言われてね。

品物も、バーベキューのときに使うような火ばさみで挟んで私に渡すのね。最初は「えっ」て思ったの。「なんで？　うつるんだったら、私が一番にうつっとるたい」って思いました。だから、なんで、こんなことするのかなと思ってたですよね。まぁお金もそうして取って、後はどうしたか、消毒でもされるのかしらないけど、そういう扱いを受けましたね。

家の下を通る人たちも、こどもを連れて歩く人たちは「さぁ歩かんか、早よ歩かんか」って。「うつるぞ」って口を塞いで歩けとか、息をせんように歩けとか。降りていかないから誰が言っとるかわからないけど、そう聞こえてくるんです。そんなのしょっちゅうだから、もう慣れっこでした。

私には、自分もうつるっていう恐怖はなかったです。水俣病が伝染病だっていう意識もなかった。自分では意識はないけど、死ぬのは怖いから思わなかったのかもしれないし、魚が原因だともわかんないから魚を獲って食べてたんだもん。

漁師部落で年に一回ある「えびす祭り」は、こどもも踊るのね。でも私と妹は仲間に入れてもらえなかった。それを覚えてる。でも私は根が踊り好きなもんだから公民館に踊りの練習を見に行くのね。それこそ毎日見に行くの。最後にはみんなも入れてくれた。お祭りでも踊ったよ。どっかに写真があったけど、もうないでしょうねぇ。

父との井戸掘り

周りの人たちが何か変だなって思われたのかな。姉の症状もすごく悪くなってきてから、やっぱり水俣病じゃなかろかってなってきたわけ。

母は網元の娘なの。網元の家は、よく宴会をする。網子さんやお客さんをもてなすために、その家の娘や息子は、歌や踊り、三味線とか太鼓が上手だった。母もそうなのね。だから、水俣が市になったのが昭和二十五（一九五〇）年だそうだけど、そのときに水俣市の奉納がありました。村からの催しの練習にうちにいっぱい人が来てたみたいなのね。それに「えびす祭り」の練習も来てた。でも姉が病気になってからは、相撲を聴きに来たり、浪曲聴きに来たり、遊びに来てた人たちも含めてそれっきり、来なくなった。

もらい水を、させてもらえなくなったのが一番困った。水は大切だもんねぇ。だから親子で井戸を掘り出しました。父が掘って、私たちこどもが外におって、つるべで泥を上げるんですよ。十三ｍになったときにバケツに水が入って上がってきたんですよ。水が入ってるのが見えたときはみんなで喜びましたね。日中は学校に行っているから、何日くらいかけて水が出たかわかんないですけど。井戸を掘ってからは外にお風呂を作ったの。ヤマっていう木の棒を四隅に立てて、お風呂を囲うのね。ヤマコに藁のムシロをクルッと巻いて目隠しをする。夜空いっぱい星が見えて。もらい風呂もしなくてよくなったのも、うれしかったなぁ。

お正月の前になったらお医者さんが治療費の集金に見えられるの。どこもそうでしょうけども。お金がないって父は言ってるのに、待ってくれなくて。年末、二十九、三十、三十一日って毎日来て、待ってくれない。父が高利貸しさんに走って。それまでも借りてたでしょうに、あの几帳面な真面目な父が可哀想になりました。お金を借りてでも、そうしないと、後が診てもらえないから。

姉の解剖

　母の妹が亡くなったのが昭和三十二（一九五七）年、私が中学二年の時だったんですが、父母が姉に「寝とかないかんよ」って言って、通夜に行ったのね。姉はそのまま寝たきりになって、一年後の昭和三十三（一九五八）年に二十七歳で亡くなりました。朝六時だったと思うんですけど、市の職員なのか医師なのかわかりませんけど、姉を迎えに来て、水俣市立病院に連れて行ったんですよ。解剖のためだったみたいです。父母は、「これ以上痛い思いはさせたくない」って言ったそうですけど。後の人のためになるからって言われ、説得されて、承諾したみたいです。姉の遺体も母もなかなか帰って来ないでね。そしたら熊本大学病院の先生が遅れてみえたみたいで、それから八時間くらいして帰って来ました。私はすぐ上の姉と遺体見たんですけど、姉は全身を包帯で巻かれて、表に出てるのは顔と手首から先だけ。合掌させてありましたけど。中はすべて空ですよね。特に頭の中はね。

　庭の隅っこの方にカライモ釜があったのね。カライモを長持ちさせるために、地面に穴を掘って、藁をきれいに敷いて、そこにカライモを入れて保存するの。土をかけないで、稲わらを束ねて縛って、その縛ったところを軸にして八方に広げてね、それを上にかぶせてありました。床の下にも藁を敷いて貯蔵してました。今もたまに小さいのを見ることがありますよ。小さいから、里芋なんかを入れられてるんじゃないかしらと思うの。

　姉のお通夜するのに親戚がお家に来ると、私たちは寝るところがなくって。カライモ釜のふちで寝てたみたい。そういう笑い話しもあった。

漁民闘争

チッソ前での座り込みやデモが始まったのが、昭和三十二（一九五七）年ぐらい、中学二年でした。それから次の年にもあった。漁業の家は、一家族から一人は出席してくれってことで、私確か、合計で二回、座り込みに行ったのね。私はなんにも知らないんだけど、父母に、水俣のチッソの前に行けばいいって言われてね。チッソまで歩いて行った覚えがある。昔は歩いてばっかりだから、全然苦にならないのね。線路を歩くと早いから、そこを歩きよった。気をつけてたのは、列車が来るのが見えないから、線路に耳を当てるの。近くに列車が来てたら音がするの。そしたら渡らない。誰に教わったか知らないけど、大人がやってたんでしょうね。私はそうしなきゃいけないって思ってるから。

多分私の地元からも漁師さんたちが沢山いったと思うの。でも一緒に行こうって、そんな誘いもないし、また誘ってもらっても嫌だったから一人で行ったのを覚えてる。チッソ前には大人が大勢いて、こどもは私一人。

私、中学生なのよ、恥ずかしさでいっぱいで、あんまり覚えてないの。会社の正門のところに座り込みに行って、市内をデモしたのを覚えてるけど。なにがなんだかわからない。地面ばっかり見て歩いてたから、どこをどう歩いたかなんて、わからない。周りを見てないんです。

嫌だなっていうんじゃなくて、とにかく恥ずかしいっていうのが一番だった。父母は仕事に行かないとお金が入んないから、どうしたって、我が家からは私が出なきゃならないっていうのはわかってたから、それが嫌とは思わなかった。食べていかなといけないから。

チッソがいつまで期限切ったかわからないですけ

れども、船を最後まで持ってた人たちには、漁業補償がおりたのね。うちは姉が病気になって治療費の為に借りたお金を返す為に必要で、お金に困ってるから、早くに船を手放したの。そしたら補償はおりない。みんな一緒だと思うのに、不公平ですよね。漁をして、それでなった病気なのに。

同じ頃、中学一年生だったかな、担任の先生に「先生、手が震える」って言ったら、保健の先生のところに連れていかれて。担任の先生と保健の先生が「水俣病じゃなかろかね」って話しされるのを聞いた。でもそれっきり、何もありませんでした。

姉のお骨

姉の三回忌がきて、お墓から納骨堂に骨を移さな、いかんっていうことで墓掘りさんと父の義理の弟をお願いして、お墓を掘ってもらったの。そのとき、九州大学から先生が見えてたみたい。お墓を掘ったら、姉の髪は風に吹かれて飛んでいったそうですけど、骨は額と顎が少ししか残ってなかったって。それを、九州大学の先生が持って行かれたみたいですね。でも私たちは、その結果は知りません、何も言ってこないって。返ってこないです。だからなんていうの、昔だから今はとてもそんな通りそうにないこといっぱいしてるよね。今、私も大人になってわかるんだけど。

当時は新興宗教に入会する方が多かったの。それだけ水俣病になる方が多かったし、皆さん苦しんでおられたということよね。お隣もそうでした。お隣だから、毎日勤行の時にたいこを叩く音が聞こえてた。父も入会するよう誘われたけど、「あなたが治ったら入会します」と言って断ったって。

就職

中学は進学クラスと就職クラスと分けてあった。私は昭和三十五（一九六〇）年頃、中学を卒業して、遠くに就職したの。お給料の半分を実家へ送ったのよ。いくらもらってたかな。自分のこづかいがなくて困ったことがあった。そしたら母も頑張ってね。私、酸っぱいのが好きだったから、夏みかんとか、寒漬（※十）とかを送ってくれたの。困ったのがとうもろこしね。駅留めなんだけど、もらってきたときは、時間が経って硬くなっているから食べられないの。でも母も頑張って送ってくれました、私は給料が安いから仕送りも少ししか送れないのに。

結婚

私も縁があって結婚したんですけれども、夫のご両親とも高学歴で、夫の兄弟も秀才で。両親が働けないとか。どこで調べたのか。姉が水俣病だとか、息子の結婚相手が中学卒で水俣病患者なんて、もってのほかでした。奇病や水俣病は村八分でしょ。当時だって偏見の的だった。夫は、実家の後継ぎとして地元に残されていたんだけど、ご家族は「そういう人をお嫁さんにもらえない」「出て行け」って。だから最初は夫の会社の社宅に入って。もちろん夫は、実家に「結婚します」って手紙を書いたんだけど、なんの返事もなかった。私の実家の父は「うちは親戚が広いから、呼ぶと婿が肩身の狭い思いをする。結婚式はするけど、きょうだいだけを呼ぶ」と言って。私は「結婚式はしない」と言ったけど、夫は「絶対後悔するから結婚式だけはする」って言って、結婚式は水俣の八幡神宮でして、お食事会は洋食屋さんの「ナポレオン」でしました。

その頃にはもう、水俣病の裁判があってたんですよ。息子が生まれて少しした頃、社宅でコタツに入ってテレビを見ていたら、勝訴判決がおりたって知って。ああ、よかったなぁって思いました。お母さんたちは、いつもあっちこっち座り込みに行ってましたから。私が遠くで働いていた頃に、母から電話が掛かってきて、「お母さんは今東京だよ」と言われたこともありました。

出産と棄却

お腹にこどもが入ったときは、胎児性水俣病を怖がりました。つわりはひどいし、未熟児で、大変な思いをして産みました。だから胎児性じゃなかっただけで、もうホッとしましたね。

今でも足がつります。ちょっと同じ姿勢したら、足を絞られるような痛み。洗濯物を絞るような、あんな感じ。痛いのなんのって。ものを手に持ってても、持ってたつもりが、ないんですもんね。するっと落ちてるんです。他にもいろいろ症状があるから、認定申請をしました。

認定申請をして五回棄却になっています。最後に付いた病名が、多発性硬化症。多発性硬化症って言ったら原因不明みたいな病気じゃないですか。行政不服審査請求では、（水俣病認定審査回委員で、五十二年判断条件に深く関わった）井形昭弘医師が証言をしました。証言を聞いてるときから「この人、水俣病知ってるのかしら」って、思った先生でした。もう今は引退されていないけどね。

私も認定申請には積極的ではなかったのね。「認定されたらまたそれで自分が嫌な思いして、きょうだい、こどもたちが嫌な思いするかな」って思うのと、「認定されなきゃ困るよな」っていうのとごちゃ混ぜになっててね。

娘が四年生のときに社会科の本に姉が載ってたの。そしたら帰って来るなりに「お母さん、お母さんのお姉ちゃんが社会科の本に載ってたよ」って。私の実家に遺影が飾ってあるもんだけん、娘はそれ見てたのね。それで私、急にね、大きな声で「あんた誰にも言わなかったろうね、お母さんのお姉さんて！」って言ったのは覚えてる。それでまた娘がいじめを受けるんじゃないかしらと思ったのね。後で、子どもを相手にあんな大きな声出さなくてもよかったのになって思ったんですけどね。

謝罪

「『水俣病だ、水俣病だ』って馬鹿にしてきた方たちから、謝罪の言葉はあったんですか？」って聞かれたことがあるけど、謝罪なんてなかったよね。謝罪の言葉どころか、「あんたたちは補償金もらってよかったね」って。

いじめた側の方たちが、水俣病の申請を我先にされてるのを知るっていうことは複雑ですよ。すごく複雑。買い物に行って、「お金をうちわの上にのせなさい」って言った人なんかも申請して、認定されてますもんね。そういう世の中だったの、あの頃は。今は周りが許さないよね。だから謝罪の言葉どころか、お金もらってよかったねって。それで終わりかと思ったら、差別した人たちが、我先にと申請していくじゃない。伝染病じゃないってわかったら先々に申請して認定されて、私なんか認定されていないでしょ。身勝手な人が多いのね、結局。

だからこそ、いつ頃チッソが原因を認識したのか。原因が分かったにも関わらず、チッソが原因だと公表されたのは、ずいぶん経ってからでしょう。それを早く言ってくれたら、もっともっと救われた人がいたと思うの。チッソは言わないから。

みんながまとまったら困るから、なんだかんだでずるいとか、症状もないのに申請してるとか言って、みんなをバラバラにしたじゃないのかなぁとも思います。

でもね、後で申請された人が多いものね。補償金が出るってなってから、私も私もって申請する。

私、不思議でたまらないのは「派」があるじゃないですか。相思社を作ったような人たちが元になって、裁判をしたり、東京まで行って座り込みしたり、デモに行ったり、裁判が始まったわけだから。聞くと、今は派が何十もあると言うじゃないですか。私、信じられないの。だからそこで軽い人たちとか、もしくは失礼だけど症状のない方も認定されたかもしれない。だから大人数になったんじゃないですか。これは私の考えだから。私はそう思う。水俣の人たちは最初から相思社が大概してくださったのに。だからここのおかげで補償も得られたじゃないですか。

今思うこと

私も新潟にいたら高校にも行けたのになぁと思ったりもするし、色んなことが違ってたと思うんです。

今、私が思うのは、チッソ・国・県・メディアは原因が分かった時点で、きちんと対応してほしかったということです。私が語らないと、こういったことはわからないわけでしょ。私と同じ年代で、まだひどいこどもたちはおったかもしれない。でもみんな、今はもういらっしゃらないと思うからねぇ。外で語り部で語れればいいんだけども、どうしても小さい頃のフラッシュバックがある。だから、言えないから、こうして来てもらうの、ありがたいです。

消毒薬を撒かれた後、差別が一気にひどくなったの。消毒を見て、周りは「やっぱうつるんだな」って思うから。今のコロナや福島のいじめが重なるの。親が知識がないままこどもに教えて、ハンセン病でも福島でも大変な思いしてきた人もいる。だから学校の先生にはちゃんと学んでほしいと思うの。

私が思うのは、福島も、ハンセン病も、国が先にちゃんとすれば、こんなに苦労する人も少なかったと思う。水俣病もそう。わかった時点で言えば、こんだけ苦労しなかったと思う。だから頑張って教えてください。

こうして来てくださる人のことが、私すっごくうれしいんです。水俣病に関心があって、聞いてくださる人もいると思うんですけれども、私は表に出てはお話できないの。トラウマがあるから。

でも、こうして表に顔出さないで、自分の思ったことを、してきたことを言えるから。またそれを聞いた方が言ってくださる、広めてくださるっていうことは、すっごく良いことだと思うんです。私の代理をしてくださるから。

こうしてお話することで私自身の気持ちが変わった。うれしくなるの。なんでかっていうと、私が黙ってたら、「こんな子もいたんだ」っていうのがわかんないいんじゃない。だからこうして聞いてくださるの、そしてまたこどもたちに教えてくださるの、とっても良いことだと思う。私一人なら、どこにも伝わらないし、「そんな子はいなかった」ってことになる。それで済んでしまうじゃない。

本原稿は、下記の聞き取りを永野が編集し、二〇二四年一月二十三日、三月十九日に松山つたえさん（仮名）の確認・修正を経たものです。
二〇二三年八月二十七日
聞き手：永野三智
二〇二三年十月九日
聞き手：永野三智
二〇二三年十月二十六日
聞き手：永野三智
二〇二三年十二月二十四日
聞き手：永野三智
二〇二四年一月二十三日
聞き手：辻よもぎ、永野三智
二〇二四年三月十九日
聞き手：辻よもぎ、永野三智

※一　チッソと同じようにアセトアルデヒドを作る工場が、日本には七社八工場ありましたが、そのうちの四つが新潟県にあった。新潟の工場へ勤めるために、南九州から移住した人たちがいるため、新潟との水俣や南九州の人たちが親戚関係があるケースもある。
　電気化学工業青海工場、現在の「デンカ」はチッソゆかりの工場。チッソの創業者の野口遵は、東京帝国大学の同窓生だった藤山常一とともに、鹿児島県大口の水力発電をつくって金鉱山で利用、さらに水俣の有力者からの誘致を受けて、カーバイドと窒素肥料工場を作った。その後藤山は、カーバイドから肥料をつくり、販売することを目的に「北海カーバイド工場」を創業。三井財閥の出資により北海カーバイド工場を継承し、一九二一年、豊富な石灰石資源がある青海に自家水力発電所と工場をつくった。富国強兵の時代、化学肥料の需要は増えて、一九三〇年までの十年間、チッソと青海工場とで日本の七十％の肥料を製造。また、アセトアルデヒドの生産量は、一九六〇年実績でチッソが四万五千二百四十五トン、電気化学工業青海工場は

一万八百九十トン。肥料やアセトアルデヒドの生産によって、事業規模は拡大、現在のＤｅｎｋａの経営や技術のベースが作られた。

※二　千人針：日中戦争から太平洋戦争の時代に、出征兵士が携行した「おまもり」の一種。布に赤い糸で結び目を千個、糸を切らずに縫い留めたもので、原則として千人の女性が一人につき一個の結び目を作ることとされていた。兵士は銃弾よけのお守りとして腹に巻いたり、帽子に縫いつけたりした。

※三　捕虜：青海収容所は、一九四三年五月、現在の「デンカ」工場の巨大な敷地内にあった。捕虜はイギリス人四三〇数名、米国人一〇〇数名。終戦時は五四二名だった。

※四　蓄音機：音や声を記録したレコードから音を出す機械のこと。取っ手を回してゼンマイをまき、ゼンマイの力でレコードを回すと、針がレコードに記録された音をひろって音が出る。

※五　カライモ：サツマイモは唐の国から琉球・鹿児島を経て熊本の天草に伝えられたため、「カライモ」と呼ばれる。

※六　ビナ：小さな巻貝の水俣での呼び名。おやつやおかず、酒の肴など、水俣の不知火海沿岸の大きな家庭で食べられてきた。

※七　シラミ：かろうじて目に見える程度の昆虫で、人の頭、体に寄生する。人から人に簡単に感染し、皮膚から吸血してかゆみや湿疹を起こす。

※八　樟脳：天然の木「樟」から抽出した化学成分を使用しない防虫剤。

※九　ＤＤＴ：第二次世界大戦中、アメリカが使用し、高い殺虫活性が戦場における疫病の回避に役立った。敗戦後、アメリカ軍がチフスやシラミの撲滅のため、日本人の身体に真っ白になるほどＤＤＴをかけてまわり、チフスの予防に成功した。

※十　寒漬け：冬の冷たい風に大根を二度さらしてつくる漬物で、芦北・水俣地域に古くから伝わる。生の大根を干して、しわしわになったら塩漬けにし、さらに、一～二カ月干す。あめ色になるくらい干し

上がったら、薄切りにして醤油やみりん、酢を合わせた調味液に漬け込み、一〜二日おいて味が染みたら出来上がり。

あんた、なんにも知らんのなから。

水本清子（仮名）さん

聞き手：永野三智

この家ができた頃は、父もまだ元気やったんやろうけどね。父は明治二九年生まれでね、母も明治生まれ。父は母とふたりで会社（チッソ）に働きに行ったのよ。昔はトロッコがあったでしょう。トロッコ押して物運んで腰を怪我してね。貧乏だからお医者もかかれずに、そのまんましてたら寝たきりになってしまったっていう話。それでずーっと、何十年も仕事ができなくて。それでも私が小さい頃はわら草履を編んでくれてた。

ここは古いもんばっかり。人間も古いけど品物も古い。家も私が生まれる前からあるからね。家はね、国鉄が線路を引こうとしたら、真中に私らの家が建っとったの。それで国鉄が、立ち退くかわりに今の家を建てたのよ。

今、古い品物はみんな捨ててしまいよるの。私なんか、終活よ。結婚式で使った、お椀やらを乗せてご飯を食べる背の高いお膳も、一式一家で大事に大事にして、よそに貸したらいかんて言って。私のこどもの時分はなかなか貴重品で宝やったから、私もここで大事にしとったけど、もう使うことない

私のこども時分の結婚式は、知り合いばっかり家に寄って、ごちそう食べて。花嫁さんは歩いてきてね。芋焼酎をつくってる人がおって、その焼酎をみんなで飲んで。

赤ちゃん産むのも、家でばっかりよ。母も父と二人でたらいで湯上げして八人産んでね。

うちは、青年が二人おって、大きい囲炉裏もあったから、青年団の若い子がみんな遊びに来とった。ここらはみんなみかん畑で、食べるために作って売りに行きよったけどね、青年団の人らが、よそのみかん盗んできてくれて、囲炉裏囲んで面白いこと言うて食べさしてくれて。それはそれで楽しみがあったよな。囲炉裏から煙が出て、柱も天井も真っ黒でしょう。母はここで火を炊いて燻されたらカラッとするからからこの家はよう保ったって言いよった。

青年団って、村の若い人たちの集まりで、村のことをやってくれるの。うちの父の時もだけど、死んだ人が出たら青年団中心に、それ以外の村の人も、みんな手伝いに来るの。お昼ごはんにお煮しめと味噌汁を作ってね。手伝ってくれる人たちとみんなでご飯食べて、死んだ人を木の箱に入れて、こんなして担いで運ぶのよ。土葬やったから、墓では青年団の人が穴を掘ってくれてるの。向かいのおばあちゃんが亡くなったときなんか、畳を上げて、そこの床に大きなタライをおいて、髪まで洗って出しよったよ。

落雁って砂糖のお菓子があってね。お葬式に行ったらそれをもらってくるんよ。お盆のときは必ず米の粉に、小豆入れて蒸して団子をしよった。団子包む葉っぱを山に採りに行って。昔は何でもつくりよった。私はいまだにそんな生活しとるよ。

大人は働かんといかんから、小学校に入ってからは、井戸の水汲みが私の仕事だったね。こどもらはみんな。棒みたいなのにバケツを二つ通して運ぶんだけど、これが重いのよ。井戸から水を担いでここまで持ってきて、ここに瓶を据えて、その瓶にバケツから水を入れるけど、何回も入れんといかん。

あんた、分配所とか、Yちゃんのところに井戸があったのも知らないでしょう。みんなあれで助かったよ。洋子ちゃんとこのは飲水にして、分配所の井戸はぬるい湯が出てくるから洗濯に使いよった。手で絞ってな。お洋服なんてない。姉のお下がりを着てみたり。弟は着物ばっかりやった。小学校時分は戦争でなんも着るもんもないし。

お風呂はどこにもはないから、うちの親戚なんかずっと、我が家の風呂に入りに来とった。壁がないからムシロで囲った五右衛門風呂よ。板を敷いてあって、そこに足をおいて。こどもたち三人くらいで入ったら、かまどのところの壁に背中がくっついて痛い痛いって。

お風呂の焚き火は小麦と松。小麦を作ったら、実だけとって、わらだけ燃やすんよ。私ら小学生時分は、よう畑に連れて行かれてな、麦踏みよ。麦は大きくなったら実がいっぱいなるの。踏んだらな、茎がいっぱいになるから、茎と実を分けるの。茎は風呂の焚付に使うの。無駄にしないよ。その灰は畑の土の上に撒いて肥料にするの。薪はね、昔は松の木の下にいっぱい落ちてるのを拾ってきて。

海に牡蠣とかビナをとりに行くのも仕事だった。海が近くだから、ずっと行ってた。山ではわらび、たけのこ、つわ、桑の実、そういうのをとってね。あとはサトウキビ作ってたからね、黒砂糖がおやつよ。家の裏は桑畑やった。ここ一帯に桑の実がなってた。美味しかったよそれが。甘くて美味しいの。昔は食べ物がないからここの家の前にずっと庭を作っとった。だいぶあったよ。まぁ熟れたときの楽しいこと。この上の方では蚕を育てとったよ。

お肉なんか食べないよ、でもね、我が家でもどこでも鶏飼って、卵は食べよったね。それでも私は弁当持っていけなくてね。同級生のAちゃんが学校の近くまで連れて行ってくれて、弁当半分食べさせてくれよった。

出月の横道は、むかしはもっと細い道やったのよ。馬車がハゼの実を運んで、よう通りよった。そこに大きなハゼノキがあって、うちの親戚のおじさんは、馬を引っ張ってきてハゼノキにつないどった。荷車引っ張って作物を運ぶ。道狭いしね、舗装してないもんだから雨が降ったら地面が泥でぬかるんで、じたじたじたじた。馬がよく滑ってな。でも晴れた日は、寝とったら馬車引きさんが来て、ポカポカポカポカ通るから懐かしい。蹄の音がして、今また聞きたいわ。

台所も土間があって、そこにかまどをおいて、鍋をおいて、そこで焚き火をたいて。下はコンクリートじゃないよ、土なの。でもそれは行ったりきたりしたら踏まれて固くなってね。

昭和9年兄が勤めるチッソの運動会優勝記念写真

戦争の頃はね、お米もカライモもなんでもかんでも藁の袋に詰めて供出してたよ。耕してやっと田んぼ作って、やっと稲が育ったら、それを食べにすずめが来るでしょ。母がその番をしに行く。そんな苦労しても米は供出して、クズ米しか残らん。

こども時分からよく働かせてもらって、勉強どころではないよ。防空頭巾かぶってな。勉強なんか一つもせずに、逃げ道ばっかり、隠れて。敵が来るから。防空壕にずっと隠れて、学校行ってもそれ。先生が山で本を一冊読んでくれる。それが学校。みんな兵隊行ってしまってね。

戦争始まってから奉仕作業ばっかり。稲刈りとか、麦踏みとか。そんなもんずっと、家でもしてた。不幸よ、食べ物もないし。かぼちゃとカライモ食べて大きくなりました。

苦労したわ。空襲にあって、逃げるばっかり。忘れんもんね。逃げて回ってもう。石で防空壕作ったり、岩の中の穴のところに入って、板でドアみたいなの作ってね。山奥まで逃げたこともある。山までね、そこの夫婦と息子さん、その人が山奥まで連れて行ってたわ。こどもたちを何人か連れて行ってくれた。

低く飛んでるから、防空壕の隙間から乗ってる人まで見える。B二九が会社に爆弾落とすわ、ここに会社めがけて飛んでくる。シベリアから帰ってきた兄貴が、チッソは毒ガスを作りよって、だからアメリカが爆弾落としたって言いよった。こども時分やから私は知らんかったけどね。それで会社にじゃんじゃん爆弾が落ちて、ここもB二九が飛んで行くわ。

もうロウソクの光でもちょっと明るかったら、「明りが漏れてる」「いかん」って言って、近所をまわる人が怒ってた。村のことは共同でやってたからね。みんな青年団の若い子がそんなしてたけど、青年団の人もみんな死んでしもうたな。

戦争が厳しくなって、人がおらんようになって、具合悪い人でも、強制的にみんな連れて行かれた。それでもうちの父は戦争には行かなかった。あの時分、戦争行かんとなれば、負い目やったよね。それで息子たちは三人とも行ったよ。赤い紙持ってきてね。袋に鉄橋があるわな。そこに停車場があったの、駅のこと。そこに旗持って、兵隊さんを毎日送りに行ったわ。同級生全部で、学校から送りにやられるの。貧乏なもんはわらぞうり履いたりして。履物がなくてね。大人もこどもも送りに行った。

人がおらんようになって、人手が足りんようになって、朝鮮人が連れてこられて働かせられよった。

満州から戦争に行った兄、海軍に行った兄は死んで、シベリアに連れてかれた兄は生きて帰ってきた。親戚も死んだ人が多いよ。こどもやっと育てたと思ったら戦争に連れてかれて死んで帰ってな。

昔は美味しいもんもなかったけど、あんた、呑気でいいなぁ。今なら好きなもん食べて、好きなもん着て。

玉音を聞いたのはね、十歳過ぎたくらいのときだったよ。うちはカライモをいっぱい植えとって、私はよく母に畑に連れて行かれて草を引いとったの。ちょうどね、八月にね、長崎に原爆が落ちたでしょ。そのときに、キノコ雲がそこから見えたの。

戦争終わったのは、天皇陛下からの声で、ラジオで聞いたよね。ラジオがあったのよ。うちには若い子らがおったから、組み立てて作ったんよね。みんな聞きに来たよ。戦争負けたってよって言われても、よう分からんかったな。そんなに深く考えなかった。

でもまぁ、戦争の負けたときは、そらそら、にぎやかやった。戦時中は歌ったり踊ったりできなかったから、戦争がすんだら大変やった。男の人たちは帰ってくる前で、女たちがみんなきれいにお化粧して、三度笠かぶって踊って、まぁ、そらきれいのなんのって。みんな上手だったんだから。「花売り娘」とか、「支那の夜」とか、うちの姉が好きだったの。あんたら知らんよな。私は子ども時分で見る方やったけど、そらにぎやかよ。

岡晴夫っておったでしょう。あの人のレコードやらかけて、拡声器で音を大きくして、それを若い人が踊る。うちらの姉はちょうど若かったからね。きれいかった。それを見ようと思って楽しみで、はよから行って待っとって。

それから兵隊さんがおおぜいこっちに帰ってきてね。この道路をいっぱい、痩せた兵隊さんが歩いて、痩せた牛を引っ張っていったりしてね。

その後は、水俣病が流行ったからな、えらいこっちゃ。Yちゃんところが最初だったかな。私ら農家やったけど、魚はよう食べたよ。だって売りに来とったもん。おじちゃんとか、おばちゃんとかそんな人。私ら水俣病にかからんかったから良かったけども。かかった人とかからん人とおるからな。魚食べてもなる人とならん人とおったんよ。

それにしてもあんた、なんにも知らんのな。まぁそれでも、戦争の話を知らないのはいいな。なんでも、経験したもんじゃないと分からないからね。

職員募集

水俣病センター相思社で一緒に働いてくださる職員を募集します。左記の書類を郵送してください。

・履歴書（職務経験を書くこと。職務経験の無い人は自己紹介文を書いてください）
・志望理由を書いた文章（千字以上）

書類選考後、面接日をお知らせします。

▼職務内容
相思社の活動全般に関わっていただきます。水俣病歴史考証館運営・水俣案内のガイド・患者の相談・聞き取り・資料収集保存、上記活動を支える業務に携わっていただきます。

▼採用条件
環境や公害問題に感心があり、何事にも熱意を持って取り組める方。普通運転免許／パソコンの基本操作（Word・Excel）ができる方。

▼雇用条件
契約職員（契約期間六ヶ月）。ただし、適正と本人の希望により以降正規職員への登用あり

▼月額給与
一年目の契約職員では十三万円の基本給＋各種手当となります。

▼就業時間・休日
就業時間は八時三十分~十七時三十分。休憩六十分（実働八時間）。休日は土・日・祝祭日および夏季（四日間）・年末年始（約一週間）。有給休暇は法の規定によります。
※水俣病歴史考証館当番や水俣案内等で、休日に業務に就いていただくことがあります。

お問い合わせは
〒八六七－〇〇三四　熊本県水俣市袋三四
一般財団法人水俣病センター相思社
電話：〇九六六－六三－五八〇〇／FAX：〇九六六－六三－五八〇八
e-mail：kasai@soshisha.org